铁酸铋多铁材料的制备、结构与性能的研究

陈靖　著

吉林大学出版社

· 长　春 ·

图书在版编目（CIP）数据

铁酸铋多铁材料的制备、结构与性能的研究 / 陈靖著 .
--长春：吉林大学出版社，2021.1
ISBN 978-7-5692-7912-2

Ⅰ.①铁… Ⅱ.①陈… Ⅲ.①铁电材料－研究Ⅳ.①TM22

中国版本图书馆 CIP 数据核字（2020）第 250565 号

书　　名：铁酸铋多铁材料的制备、结构与性能的研究

TIESUANBI DUOTIE CAILIAO DE ZHIBEI、JIEGOU
YU XINGNENG DE YANJIU

作　　者：陈　靖　著
策划编辑：朱　进
责任编辑：朱　进
责任校对：刘守秀
装帧设计：王　强
出版发行：吉林大学出版社
社　　址：长春市人民大街 4059 号
邮政编码：130021
发行电话：0431-89580028/29/21
网　　址：http://www.jlup.com.cn
电子邮箱：jdcbs@jlu.edu.cn
印　　刷：北京兴星伟业印刷有限公司
开　　本：787mm×1092mm　　1/16
印　　张：8.25
字　　数：150 千字
版　　次：2021 年 1 月第 1 版
印　　次：2021 年 1 月第 1 次
书　　号：ISBN 978-7-5692-7912-2
定　　价：35.00 元

目 录

第一章 综述

1.1 多铁材料概述

1.1.1 多铁材料的定义

多铁（mutiferroic）材料是指在同一个相中同时具有两种及两种以上铁的基本性能的一类材料，是一种新型的多功能材料。“多铁”概念是在1994年由瑞士的Schmid提出的。一般来说，材料只要存在铁电序、自旋序、铁性拓扑序、协同应变中的两种或者两种以上都可称之为多铁材料。多铁材料的多种效应可以相互调控，且该类材料的各物理效应之间不可避免地存在耦合协同作用，从而使材料表现出多功能性，其中一个引人注目的现象就是磁电耦合，即通过磁场可改变电极化的方向，电场同样可以调制磁化状态。图1-1为多铁材料多种铁性之间相互调控的示意图。可以看出，压电耦合效应（压电/反压电）就是由铁电性和铁弹性两种铁性之间相互发生耦合而产生的；压磁耦合效应（压磁/磁致伸缩）就是由铁弹性和铁磁性两种铁性之间相互发生耦合而产生的；磁电耦合效应就是由铁磁性和铁电性两种铁性之间相互发生耦合而产生的。基于磁电耦合效应的存在，多铁材料在有磁场作用的情况下，通过改变自身的自旋有序或磁化强度，从而实现对体系电极化强度的调控；同样地，在有电场作用的条件下，通过控制体系的电极化强度可以影响其磁化强度。利用这种效应可以制作高密度存储器、多态记忆元件、电场控制的压电传感器和电场控制的压磁传感器等器件，大大扩展了多铁材料的应用空间，为新型电子器件的发展提供了理论基础，为电子信息器件的微型化提供了材料保证，使多铁材料在自旋电子学、信息存储、传感器等领域具有广阔的应用前景[1-7]。

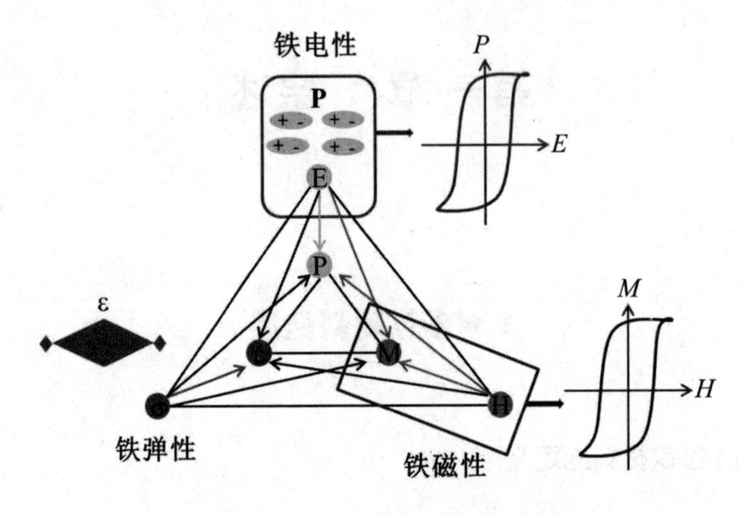

图 1-1 多种效应的相互耦合

1.1.2 多铁材料的性质

1. 铁电性

铁电性（ferroelectricity）是某些介电晶体材料所展示出的性质。自发极化是铁电性材料自身所展示的特性，而且存在的外电场同样也可以引起该类材料的极化强度发生改变。由于不同构型的原子存在于铁电性材料的各个晶胞中，这将会引起该类材料的正负电荷重心出现不重合现象，或者在某一方向上发生相对的偏移现象，由此可以形成电偶极矩，因而晶体在这一方向上展示出“极性”，即形成一端为“正”、一端为“负”的状态，这时整个晶体保持高度极化。铁电性材料所展示出的自发极化性质，说明在该类材料的两端将各自存在一层束缚电荷。铁电性材料的应变能与其自发极化的应变密切相关，在受到外力作用时晶体内部的均匀极化状态遭到破坏，这时晶体将由多个小区域组成，而且各小区域内部存在排列有序、方向一致的电偶极子，然而各小区域之间的电偶极子方向不一定相同，于是称晶体内部的这些小区域为电畴或畴。当没有外电场作用时，铁电性材料内部的电畴具有各不相同的取向，因此其净极化强度为零；当有外电场作用时，将有利于与电场方向一致的电畴长大，然而在其他方向的电畴生长将受到抑制，所以外电场的强度对铁电性材料的极化强度影响较大。铁电性材料具有自发极化特性，而且在外电场的作用下会改变自发极化状态，使得铁电性材料在信号处理、存储以及用于计测的产品等领域得到广泛应用。

铁电现象最早于 1921 年由 Rochelle Salt 发现。一般情况下，只有当电介质处于外电场中，才会发生电极化，但对于铁电材料，在一定温度范围内即使没有电场的存在也能发生自发极化，且自发极化的取向并不唯一，可以是两个或多个。图 1-2 是电滞回线图，表示极化强度与外加电场的变化关系。

图 1-2 可以形象地表示铁电畴在外加电场下的运动。正常情况下，电滞回线关于坐标原点是左右对称的，与 E 轴的交点为 E_C 点，E_C 称作矫顽电场。矫顽电场是使极化翻转的电场，当外加电场为 0 时的极化称为剩余极化 P_r，极化饱和时的极化称为饱和极化 P_s。对于图 1-2，在 OA 段，电场强度比较弱，材料的线性极化与电场有很大的关系，同时存在着较为明显的畴壁运动。在 AB 段，电场强度越来越强，逐渐增强的电场强度诱导了新畴的产生，使得畴壁运动的可逆性消失，极化的速度加快。当电场强度上升到 B 点，这时畴的极化与外加电场是同方向的，极化达到饱和。BC 段的形成是由于随着电场强度和感应极化的增加，材料内部中的极化依旧是增加的。图中 CBD 段，材料的极化强度由于电场强度的降低也逐渐减小。但比较特殊的是，这一过程虽然会有电场强度为 0 的阶段，但因为材料中的部分畴依旧保持原极化方向，所以晶体内还是会有部分残留的极化强度，这一阶段对应的是图中的 OD 段。铁电体的铁电性受一定的条件限制，比如温度。

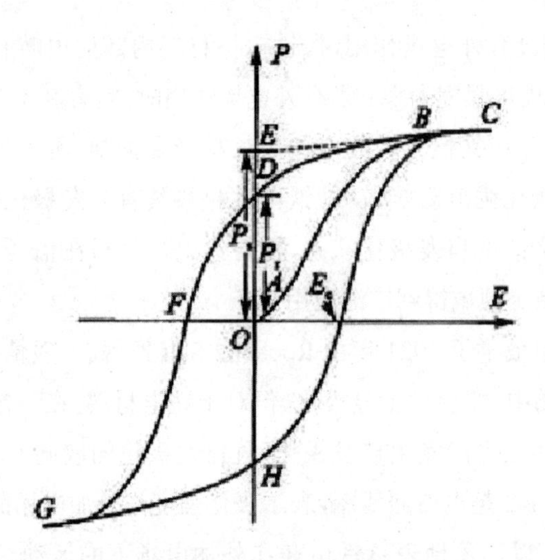

图 1-2　铁电体的电滞回线

晶体中离子或者原子的位置发生变化，是造成铁电体的自发极化的一个主要原因，因此铁电体的自发极化和它的晶体结构有着密切的关联。目前研究最普遍的是 ABO_3 型钙钛矿结构的晶体，其中 A 位、B 位的价态有两种组合，当 A 位价态分别为 A^{2+}、A^{+} 时，相对应的 B 位价态分别是 B^{4+} 和 B^{5+}。图 1-3 是 ABO_3 型结构的示意图。在钙钛矿型铁电体中，B 位离子发生位移是自发极化产生的主要原因。A 位和 B 位离子可以被其他不同离子取代，这种不同位置的离子替换可以有效改善材料的性能，从而使材料得到更广泛的应用。

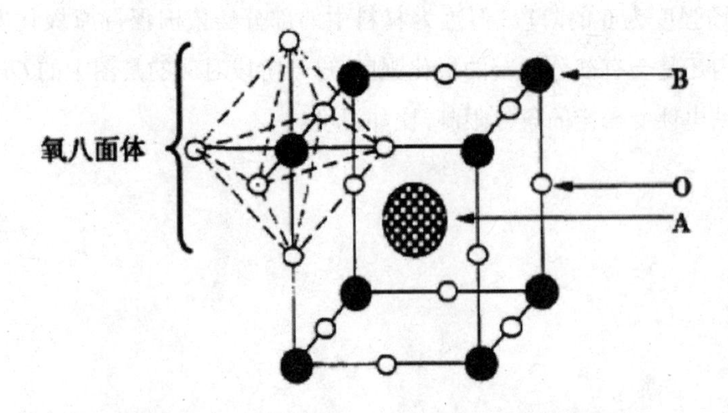

图 1-3　ABO_3 型钙钛矿晶体结构示意图

2. 铁弹性

铁弹性（ferroelasticity）是指在某一温度范围内，应变 S 对应于外力 s 的变化存在一定的滞后现象，且应力与应变之间呈现出非线性的关系。通常来说，晶体内原子对的相互运动将引起该类材料的晶体结构发生变化，进而影响铁弹性材料的自发应变。当没有外加应力作用时，铁弹性材料中的晶体内任意两个取向态会保持对称的状态，但是当晶体发生自发应变时，就会引起取向态的对称性发生改变，进而对铁弹性材料的物性产生较为明显的影响。铁弹性相变是铁弹性材料的一个基本特征，也就是铁弹性材料从高温的顺弹相向低温的铁弹相进行转换，其达到相变的临界温度 T_C 称为铁弹居里温度，即当 $T > T_C$ 时，材料处于顺弹状态；当 $T < T_C$ 时，材料处于铁弹状态。基于铁弹性材料的物理性能在状态变化和相变时所发生的改变，该类材料可以用来制备一些力敏元件、压电传感器和机械开关等。

3. 铁磁性

铁磁性（ferromagnetism）是指存在于材料磁畴内的原子或离子磁矩之间通过相互作用，能够在某些区域按照同一方向进行排列，然后当外磁场的强度增加时，这些区域的合磁矩在这一方向的定向排列程度会随外磁场的强度增加而增加，且会达到极限值。铁磁性材料是最早研究并得到应用的一类强磁性材料。该类材料的磁化率（c）的数值较大，一般为 $10^1 \sim 10^6$。常见的具有磁性的金属元素有铁、钴、镍等，还有由一些元素合成的产物（Fe-Si 合金）以及少数的稀土元素组成的化合物（EuO、$GdCl_3$ 等）。自发磁化是铁磁性材料自身所拥有的特征，晶体内部按照磁畴的分布，原子磁矩的取向按一定的规则有条不紊地分布在晶体内部的不同区域。铁磁性物质还具有较大的磁饱和强度，当材料达到磁饱和状态时，在其内部将出现较大的磁通量密度，所以在较弱的磁场条件下，就可以发生磁化现象并达到饱和状态。铁磁性材料在达到某一温度时可以出现铁磁性消失的情况，称该温度为居里温度（T_C），即当 $T < T_C$ 时，材料展示出铁磁性特征，当 $T > T_C$ 时，材料则表现为顺磁性，所以居里温度是铁磁性材料的铁磁性与顺磁性相互转换的临界温度。铁磁性物质的饱和磁化强度随温度的升高而减小，且磁晶各向异性和磁滞伸缩的现象存在于该类材料的磁化过程中。铁磁性材料的磁化强度与磁场强度之间表现出磁滞行为，即存在剩余磁化强度（B_r）。铁磁性材料在磁场强度 H

与磁感应强度 B 同时为零时开始出现磁化现象，图 1-4 为铁磁性材料的磁化过程。由图可以看出，该类材料在开始磁化初期 B 与 H 呈现出非线性的关系，当 H 增加至最大值 H_m 时，B 的增加逐渐缓慢且增加至一稳定值 B_m，这时材料的磁化将达到饱和状态。图中 H_m 和 B_m 分别为饱和磁场强度和饱和磁感应强度，Oa 曲线为该材料的初始磁化曲线。当 H 开始从 a 点下降时，B 也逐渐下降，但可以看到其按照 ac 曲线下降，当 $H=0$ 时，$B=B_r$，表明该材料还有一定的磁性，上述现象被称为磁滞现象。若要消除材料的剩磁，则需要在反向添加磁场 H（$H=H_c$），H_c 为该材料的矫顽力。当继续反向增加磁场 H 时，曲线将再次达到饱和状态（d 点），此时的饱和磁场强度和饱和磁感应强度分别为 $-H_m$ 和 $-B_m$。如果正向增加磁场 H，可以看到曲线将经过 f 点回到 a 点，这样铁磁性材料的磁化过程将形成一个完整的闭合 B-H 曲线，称为磁滞回线。

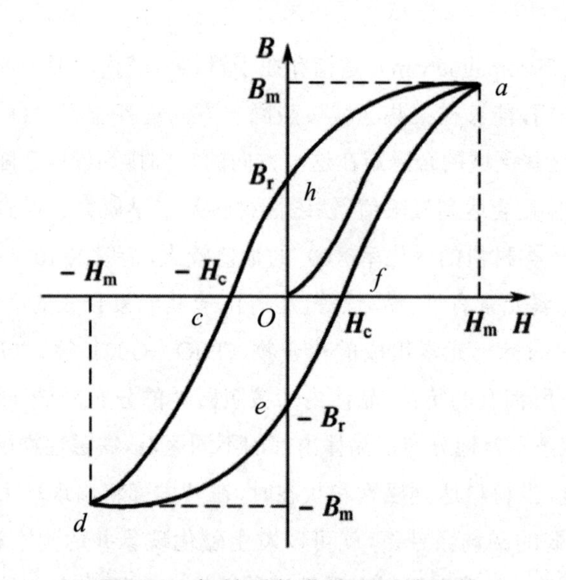

图 1-4　初始磁化曲线和磁滞回线

根据铁磁性材料 H_c 的大小，铁磁材料大致可以分为以下几类。

（1）软磁材料：具有较大的初始磁化率和饱和磁感应强度，较小的矫顽力，如图 1-5（a）所示，该类材料的磁滞回线面积形状呈“窄而长”，可用来做继电器、电机以及电动机中的铁芯等。

（2）硬磁材料：具有较大的矫顽力和剩余磁感应强度，如图 1-5（b）所示，该类材料的磁滞回线面积形状呈“宽而肥”，经过磁化后可在较长的时间段内保持很强的磁性，可用来做耳机或收音机中的永久磁铁等。

（3）矩磁材料：具有“矩形”形状的磁滞回线，如图 1-5（c）所示，该类材料的面积大，较小的外磁场就可以使其发生磁化现象并达到饱和状态，当撤去外磁场时，该类材料依旧具有饱和状态的磁性。可用来制作“记忆”电子元件、电子计算机的存储器磁芯等。

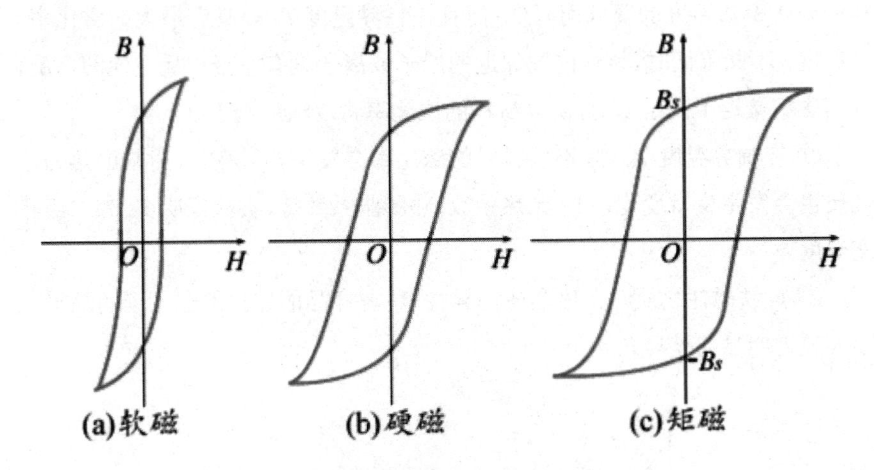

图 1-5 不同铁磁性物质的磁滞回线形状

反铁磁性（antiferromagnetism）是指材料内部的相邻离子具有反向平行排列的自旋结构，离子间的磁矩发生相互抵消的现象，所以这类材料中不存在产生自发磁化的磁矩，因而展示出较弱的磁性。当有外磁场作用时，晶体内将会存在反平行自旋的离子，且自旋转向磁场方向的转矩较小，所以反铁磁性材料的磁化率低于顺磁性材料，其相对磁化率的数值为 $10^{-5} \sim 10^{-3}$。当温度逐渐升高时，晶体内的自旋结构（有序）逐渐扭曲，导致该类材料的磁化率增加，这一现象与顺磁性材料恰恰相反。反铁磁性材料在温度达到某一临界值时，其晶体内部有序的自旋结构将会完全消失，变成顺磁性材料。具有反铁磁性的材料有过渡金属的氧化物、卤化物以及硫化物等（MnO、FeO、NiO、Cr_2O_3、FeF_2、$NiCl_2$、MnS）。基于反铁磁性材料内相邻价电子具有相反的自旋方向，所以该类材料的净磁矩为零，不会产生磁场；且大多数反铁磁性材料只存在于低温环境下。目前，较多的反铁磁性材料被应用于新型自旋电子器件、磁存储等领域的研究。

反铁磁性材料具有如下特征。

① 具有临界温度 T_N（也称其为奈尔温度），当温度 $T > T_N$ 时，该类材料将由反铁磁性转变成顺磁性，且磁化率的变化情况符合 Curie-Weiss 定律 $\chi=\chi_0 + C/(T-\theta)$；即样品的磁化率随温度的升高而降低，如图 1-6 所示。

② 当温度 $T < T_N$ 时，材料表现出反铁磁性。由图 1-6 可知，反铁磁性材料的磁化率随温度的降低而降低，而且在临界温度 T_N 处具有最大的磁化率。当温度 T 不断降低时，材料内部邻近的原子或离子具有完全相反方向的自旋，且其磁矩接近于完全抵消，所以材料的磁化率将逐渐趋近于 0。

③ 在临界温度 T_N 处，不仅材料的磁化率会发生异常变化，材料的热力学性质也会发生反常变化，如：比热系数、热膨胀系数等，实验证明 T_N 为二级相变温度。

④ 反铁磁性物质存在磁晶各向异性，单晶样品的磁化率在不同的晶轴上存在较为明显的差异。

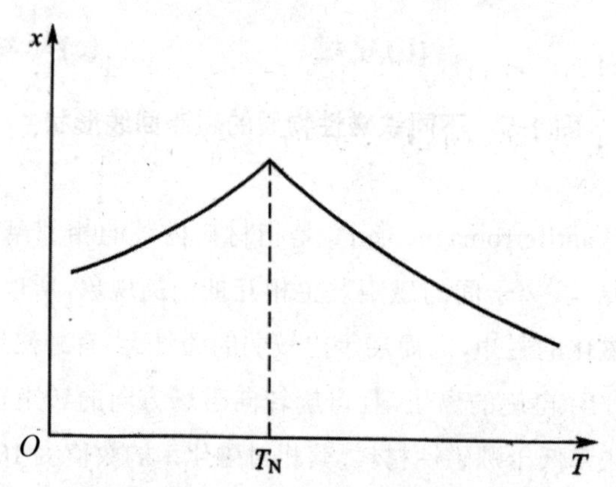

图 1-6　反铁磁性物质的磁化率与温度之间的关系

1.1.3 多铁材料的分类及应用

（1）按照多铁材料的晶体结构进行分类，大致可以分为具有钙钛矿结构的多铁材料（如 $BiFeO_3$）、具有六方晶格结构的稀土锰氧化物（如 $HoMnO_3$）、具有正交结构的氟化物（如 $BaFeF_4$）和方硼石结构的卤化物（如 $Ni_3B_7O_{13}$）。

（2）按照多铁材料的相结构进行分类，可分为单相多铁材料和复合多铁材料[8-9]。单相多铁材料是指同时具有铁电性和铁磁性的单相化合物，而且天然存在于自然界中的单相多铁材料的种类非常稀少，就目前而言，大量单相多铁材料的铁电有序转变温度和铁磁有序转变温度处于低温区。复合多铁材料是指可以将具有铁磁相材料和铁电相材料进行复合的化合物，复合后的多铁材料具有优良的磁性。

（3）按照多铁材料的物性机理及表现形式进行分类，可分为第Ⅰ类多铁材料和第Ⅱ类多铁材料。以具有钙钛矿结构的第Ⅰ类多铁材料 $BiFeO_3$ 为代表，其铁电性和磁性的起源相互独立，所以该材料的两种铁性之间展示出较弱的耦合效应，因而其应用前景受到很大的限制[10-12]。第Ⅱ类多铁材料的铁电性源于其特殊的自旋结构，因此该材料的两种铁性之间表现出显著的磁控电效应，成为具有重大潜在应用前景的多功能材料。基于第Ⅱ类多铁材料中磁性与铁电性之间较强的磁电耦合作用，该类材料被广泛用于传感器以及磁存储材料的制备[13-14]。

在当今的生活中，可以发现磁性材料和铁电材料占据了较大的市场份额，同时该类材料的存在也推动了社会科技的进步[15]。目前市场上的存储器大多分为磁存储器和铁电存储器，但这两种类型的存储器有不足之处，如：磁存储读取速度快而写入慢，铁电存储读取速度慢而写入快。然而多铁随机读取存储器可以快速读取并写入存储信息，同时，该类材料中的铁电性与磁性之间的相互耦合可以改善上述存储器的缺点，可以在很大程度上提高材料的信息存储密度，而且数据保存时间较长，进一步优化材料的存储性能[16-17]。磁电共存以及磁电耦合等效应的存在使类多铁材料在高性能信息存储与处理、集成电路、新型磁电器件、电容器（图 1-7 ～图 1-10）等很多领域展现出广泛的应用前景，而且该类材料丰富的物理内涵使其逐渐成为诸多研究者所关注的热点，同时也成为不同学科（化学、物理、材料、信息科学）相互交叉的新兴领域。研究者对多种类型的多铁材料磁性、铁电性及磁电耦合机理的探究为多铁材料的铁电产生机制及其电磁调控机理提供实验基础资料[18-19]。

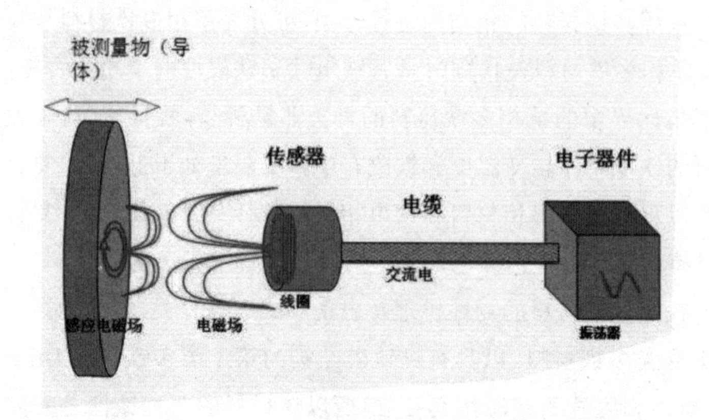

图 1-7　磁电传感器原理

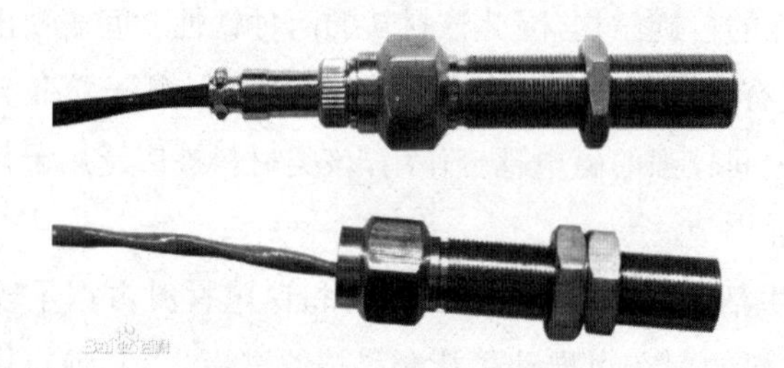

图 1-8　磁电传感器

图 1-9　磁存储

图 1-10　电容器

1.2 多铁性材料铁酸铋及研究进展

早在 20 世纪 60 年代，人们就已成功制备了 $BiFeO_3$（BFO）的块体材料，但生成 BFO 单相的温度范围相当狭窄，极易产生杂相，因此单相 BFO 块材的制备和研究经过了一个长期的缓慢的过程。1997 年，Teowee G 等人首次用溶胶 - 凝胶法在 Si 衬底上成功制备了的 BFO 膜并测得了饱和的电滞回线，在 1997 年到 2002 年之间，由于激光脉冲技术的发展和普及，Palkar V R 等人用激光脉冲沉积（PLD）方法在 Si 衬底上成功制备出具有饱和电滞回线的 BFO 薄膜。2003 年，Wang J 利用 PLD 方法，在 Si 衬底上以 $SrTiO_3$ 为过渡层，$SrRuO_3$ 为底电极成功制备了外延生长的 BFO 薄膜，经过测试，该薄膜具有非常好的铁电和铁磁性，是一种有广泛应用前景的多铁材料，引发了研究者对 BFO 薄膜的研究热潮。近年来，人们采用不同方法制备出性能优良的 BFO 材料，BFO 薄膜的自发极化强度已与铁电材料锆钛酸铅 [$Pb(Zr_{1-x}Ti_x)O_3$，缩写为 PZT] 不相上下，因此 BFO 成为无铅铁电存储器的重要候选材料之一。

1.2.1 铁酸铋的结构

BFO 室温下的结构如图 1-11 所示，块体的 BFO 属于 R3c 空间群，为扭曲的菱方钙钛矿结构，根据 Sosnowksa 等报道，其晶格常数为 $a=b=c=5.63\times10^{-10}$ m，$\alpha=\beta=\gamma=59.40°$。如图 1-12 所示，菱方钙钛矿结构由立方结构沿 (111) 方向拉伸而成，沿此方向 Bi 相对 Fe-O 八面体位移，使晶胞失去对称中心而产生极化。BFO 的结构是通过两个变形的钙钛矿单元顶对顶的方式沿 (111) 方向排列构建的，相邻两个氧八面体分别沿顺时针方向和逆时针方向旋转 [20-25]。

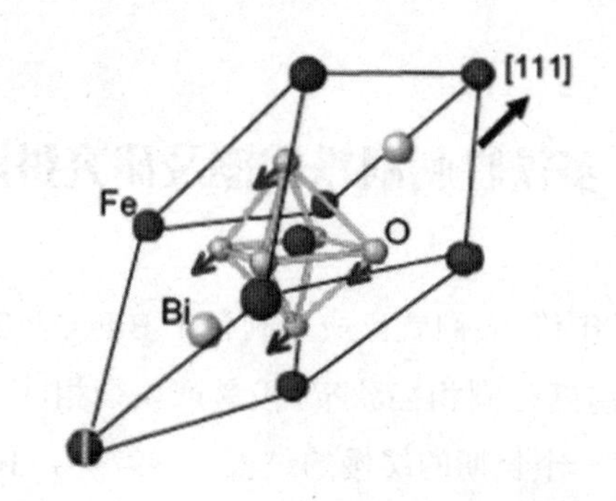

图 1-11 $BiFeO_3$ 室温下的晶体结构

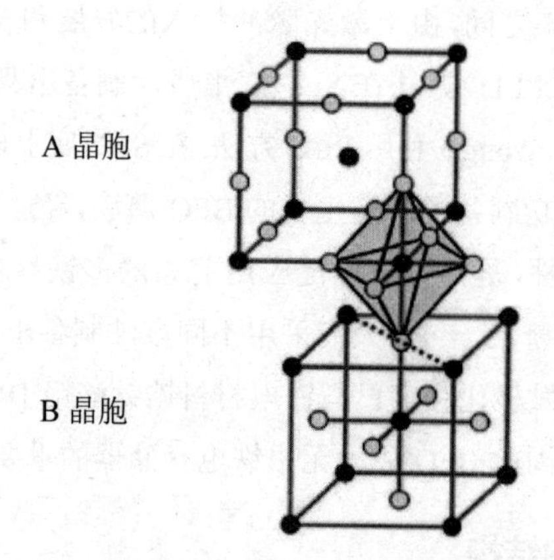

图 1-12 $BiFeO_3$ 钙钛矿结构的赝立方单胞

BFO 是一种典型的多铁性材料，具有远高于室温的反铁磁奈尔温度（T_N ＝380 ℃）和铁电居里温度（T_C＝830 ℃），是在室温条件下同时具有铁电性、弱铁磁性与弱磁电耦合效应的单相多铁材料之一。BFO 的这一特殊性质使其在新型记忆材料、多态信息存储、忆阻器、电磁传感器等方面具有重要的应用前景[26-29]。

从磁性与晶体对称性关系考虑，BFO 低对称结构允许弱铁磁性的出现，Sosnowska 等通过高分辨率中子衍射分析发现，BFO 并非简单的 G 型反铁磁结构，而是具有空间调制的螺旋自旋磁结构，螺旋周期为 62 nm，这一螺旋磁结构造成整体磁矩相互抵消，抑制了线性磁电作用，从而解释了在宏观磁测量中无净磁矩现象。因此，要想应用 BFO 材料的铁磁性，必须打破其空间调制的螺旋磁结构，比如将其颗粒尺寸减小到 62 nm 以下或做成纳米尺度的薄膜，打破其长周期的磁结构，以此来提高 BFO 的磁性。

在外延生长的 BFO 薄膜中通常可观察到较强的磁性，这是因为螺旋式自旋结构会受到外延应力或增强的各向异性的抑制，从而产生较强的磁性。从微观结构上看，薄膜的磁性起源于反对称的自旋耦合所导致的磁性子晶格的倾斜，即 DM 相互作用，这种相互作用是交换相互作用与自旋轨道耦合共同作用的结果。DM 相互作用使 (111) 面内共线的自旋排列发生倾斜，产生不为零的净磁矩，使 BFO 薄膜呈现寄生铁磁性。如图 1-13 所示。

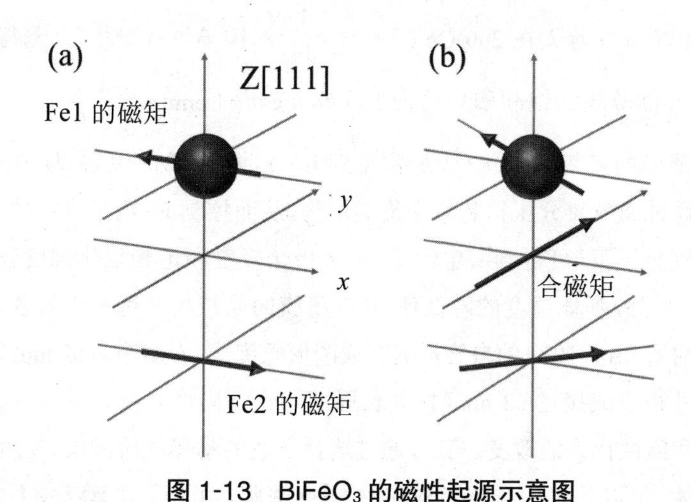

图 1-13 $BiFeO_3$ 的磁性起源示意图

(a) 未考虑 DM 相互作用；(b) 考虑 DM 相互作用

1.2.2 铁酸铋的性能

由于 BFO 中 Bi 容易挥发，Fe 的价态又会在二价和三价之间波动，再加上 Bi_2O_3-Fe_2O_3 相图复杂，极易生成 $Bi_2Fe_4O_9$、$Bi_{36}Fe_4O_9$ 等杂相，因此很难制备纯相的 BFO 陶瓷。采用不同方法制备出的 BFO 陶瓷的性能也有较大差异。传统固相烧结制备出的 BFO 陶瓷易生成杂相，电阻小，介电常数较低，而且很难观察到饱和的电滞回线。后来 Mahesh 等人采用固相反应法加以稀硝酸溶解杂相的方法，得到纯相的 BFO 陶瓷，但室温下电滞回线仍不饱和。2004 年，Wang Y P 等人首次采用快速液相烧结法获得纯相 BFO 陶瓷。经过不断摸索改进制备工艺，此方法能得到饱和的电滞回线，在 150 kV/cm 电场下自发极化达到 16.6 μC/cm^2,在较高电场下还能得到数量级为 10^{10} Ω·cm 的电阻率,漏电流也只有 10^{-6} 到 10^{-7} 数量级。另外,研究者采用溶胶 - 凝胶法和淬火工艺制备 BFO 陶瓷,均能得到较大的剩余极化强度和较小的漏电流。但不管是什么方法制备的 BFO 陶瓷在室温下都很难观察到磁滞回线。随着薄膜制备技术的日益成熟, BFO 薄膜的质量得到很大提高。相比 BFO 陶瓷,薄膜的性能要好得多。其主要原因有以下几点：第一,薄膜厚度为纳米级别,能破坏 BFO 块材中空间调制的螺旋自旋磁结构,使 BFO 薄膜在宏观测量中显示铁磁性。如 Wang J 等人在 200 Oe ($1\ \mathrm{Oe}=\frac{1}{4\pi}\times10^{3}\ \mathrm{A/m}$) 磁场下,测得厚度为 70 nm BFO 薄膜的饱和磁矩约为 150 emu/cm^3($1\ \mathrm{emu}=\frac{1}{1\,000}\ \mathrm{A\cdot m^{2}}$)。第二, BFO 薄膜制备工艺的优化。最常见的 BFO 薄膜的制备方法为 PLD 法,此方法可通过调节氧分压抑制氧空位的聚集,从而控制 Fe 离子价态的变化,在合适的氧分压下,可得到漏电流小,剩余极化轻度和饱和磁化强度较大的 BFO 薄膜。另外,基体温度的降低使 BFO 薄膜的晶粒尺寸远小于陶瓷晶粒,达到几十纳米。由于BFO的自旋被调制成圆形螺旋线,周期约为62 nm。因此,当晶粒尺寸小于或接近 62 nm 时,其长周期的磁结构将会被破坏,造成 BFO 磁性结构和磁性行为的改变。第三,通过选择合适的基体或缓冲层,使用 PLD 等制备技术,可以外延生长特定取向的 BFO 薄膜,由于受到薄膜表面效应、薄膜与衬底应力以及薄膜与其他接触层界面效应等诸多因素的影响,剩余极化值（$2P_r$）甚至可达 137 μC/cm^2 [20-29]。

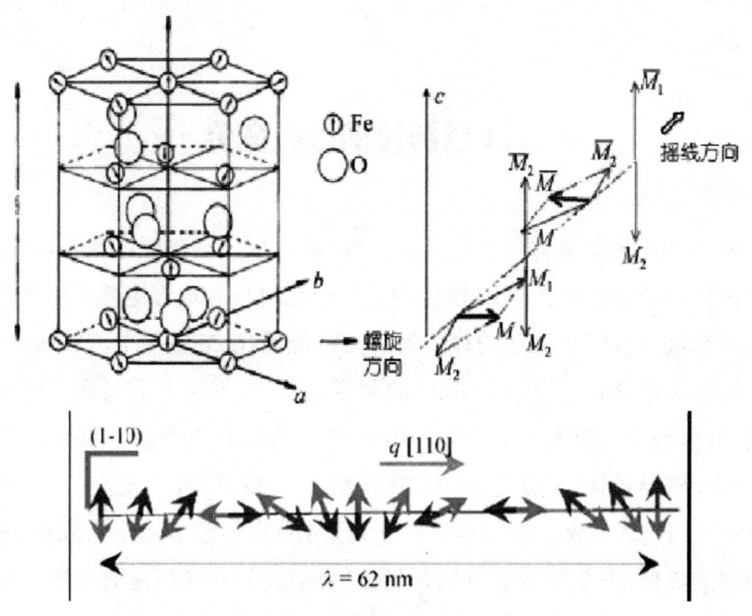

图 1-14 铁酸铋的螺旋自旋周期性的磁结构

总的说来，BFO 陶瓷的性能不尽如人意，还有很大的发展空间。而 BFO 薄膜虽然性能要优于 BFO 陶瓷，但仍存在缺陷和非化学计量比等问题，使 BFO 薄膜导电性增强，漏电流增大，严重影响其铁电性和铁磁性。尽管有少量文献报道 BFO 薄膜有较大的铁电极化值和磁化强度，但其可能由衬底与薄膜的应力引起，而不是薄膜样品的本质属性。对于有这样高的居里温度和大的结构扭曲的多铁材料来说，BFO 薄膜的性能还有待提高。

1.3 铁酸铋的改性研究

BFO的应用价值体现在它具有良好的铁电、铁磁和磁电耦合效应，铁磁电共存和强的磁电耦合是BFO作为新型记忆材料和电容电感一体化材料的关键所在。但是，较大漏导的存在使得无法测量出BFO的电滞回线，且在室温下磁性较弱。研究发现，在BFO的制备过程中，铁离子容易在二价和三价之间波动，漏电流比较大，再加上BFO自身的低介电常数和低电阻率等特性，造成很难测到电滞回线。因此，降低BFO的漏导，同时增强其铁电性和磁性是解决问题的关键。目前，尽管通过制备BFO薄膜，能减少其漏导、获得较大的剩余极化，但室温下磁电耦合系数仍然较弱，离应用还有差距。为此，研究者通过掺杂改性和制备固溶体等方法来降低漏导、增强磁性和磁电耦合效应。常用的制备方法有固相法和溶胶-凝胶法，也有研究者将固相反应法、溶胶-凝胶法与快速液相烧结法相结合制备BFO陶瓷，来改善其电磁性能。

1.3.1 元素掺杂改性

ABO_3型钙钛矿，其中A位和B位离子分别与12个氧离子和6个氧离子配位，A位和B位可以容纳的离子价态并不是唯一的。

A位掺杂是指对Bi^{3+}进行部分取代，常使用离子半径和Bi^{3+}接近的某些稀土元素（如Gd、Pr、La等）和碱土元素（如Ca、Ba、Sr、Pb等）。这些离子取代Bi离子进入晶格内部，可以抑制Bi的挥发，降低氧空位浓度，使杂相的产生被抑制，从而进一步改善材料的电磁性能。此外，由于掺杂离子的离子半径与Bi离子半径存在差异，当掺杂离子进入晶格后，会影响BFO的晶体结构，抑制甚至破坏BFO空间调制的螺旋磁结构，使禁锢的磁性得到释放。

（1）对于稀土元素，由于稀土元素和铋都是正三价，且离子半径相近，研究表明用稀土元素取代$BiFeO_3$中的Bi^{3+}可以减少氧空位数目，稳定氧八面体，增强BFO的磁性和铁电性。Jiang等人发现适量的La掺杂能够提高BFO的熔点，扩展烧结温区，并可以在适当烧结条件下得到晶粒均匀、粒径为

1μm 左右的陶瓷。此外，研究发现 La 掺杂可以提高样品的磁性能，从而得到铁电 - 铁磁共存的 BFO 陶瓷。Palkar V R 等人制备了 Ta 和 La 共同掺杂的 $Bi_{0.6}Ta_{0.3}La_{0.1}FeO_3$，在室温下观察到了共存的铁电性和铁磁性，增强的磁性被认为是 Ta 离子取代了磁性较弱的 Bi 离子所致。Prasad 的研究表明，随着替代的稀土离子直径的减小，系统的反铁磁性增强。在掺杂体系中同时存在着倾斜的反铁磁有序和铁磁有序，低温下铁磁有序占支配地位，而高温时则主要表现出反铁磁有序。另外的研究表明，稀土的掺杂能够有效地改变材料中的载流子浓度。Yuan 等人用快速液相烧结法，在 855 ℃制备了具有弱磁性的单相 $Bi_{0.87}Sm_{0.125}FeO_3$ 陶瓷，得到饱和的极化回线，但其晶体结构已变为三斜结构。朱珺钏等人采用快速液相烧结工艺制备出 $Bi_{1-x}Nd_xFeO_3$ 多铁陶瓷，研究发现掺杂后样品的剩余磁化 ($2M_r$) 和剩余极化 ($2P_r$) 都有一定程度的提高，铁电性能改善最为明显。郭铁朋等采用固相反应法制备了 $Bi_{1-x}Gd_xFeO_3$ 陶瓷。结果显示：当 Gd 掺杂量为 0.05 时，样品具有较大的介电常数和较小的介电损耗，材料的铁电性能也有了明显的改善。

（2）对于碱土元素，Khomchenko V A 等人制得的 $Bi_{1-x}A_xFeO_3$ 属于 R3c 空间点群，为扭曲的三角钙钛矿结构。A 位替代时，半径大的离子压制了 $BiFeO_3$ 螺旋自旋结构，表现出弱的铁电性。室温下样品存在自发的铁电极化，但没有得到饱和的电滞回线且存在极高的矫顽场。Wang 等用固相反应法制备了 $Bi_{1-x}A_xFeO_3$ 陶瓷，$x = 0.1$ 时，$Bi_{1-x}A_xFeO_3$ 陶瓷呈现典型的反铁磁性的磁滞回线，随着 x 的增大，剩余磁化强度变小而矫顽磁场变大。Dhahri J 等人研究了 K 掺杂对 $BiFeO_3$ 的影响，结果表明所有样品在室温下存在反铁磁有序。随着 K^+ 增加，样品从斜三方相向赝立方相转变。

（3）近几年，研究重心主要偏重于提高 $BiFeO_3$ 的弱磁性和磁电耦合。很多研究者采用不同方法用稀土离子对 A 位进行替代，较大程度地提高了材料的铁磁性。Yu 等人采用软化学方法，在较低的温度下合成了 Mn、Sr 掺杂的 $BiFeO_3$ 纳米粒子，样品磁性大大提高。Bellakki M B 等人以 ODH 为燃料采用低温燃烧法，制备了 $BiFeO_3$ 和 $Bi_{0.98}Y_{0.02}FeO_3$ 样品。燃烧后的化合物在 600 ℃退火 3 h 获得弱磁性的菱方钙钛矿粉体。Xu 等将溶胶 - 凝胶法生成的精细粉末快速烧结，制备了 $BiFeO_3$ 和 $Bi(Fe_{0.95}Zn_{0.05})O_3$，在室温下观察到 $BiFeO_3$ 磁滞回线。磁化强度对温度的依赖性和高场磁化测试证实了相邻 Fe^{3+} 之间的反铁磁交换相互作用。$BiFeO_3$ 中磁性的出现主要源于晶格畸变诱导的 Fe^{3+} 离子自旋倾斜。$Bi(Fe_{0.95}Zn_{0.05})O_3$ 样品的介电性能比 $BiFeO_3$ 有所改善，但室温下的铁磁性消失。Uniyal P 等用传统的固相反应法制备 $Bi_{1-x}Gd_xFeO_3$ 陶瓷，实验结果表明，Dy 的掺入有效地抑制了 $BiFeO_3$ 的螺旋自旋结构，导致净磁化出现。所有样品均获得饱和的电滞回线，并在室温下出现磁偶极子和电偶极子的耦合。

B 位掺杂即 Fe^{3+} 位掺杂，一般采用 Ti、V、Cr、Zr 等过渡金属元素。特别是元素的价态高于 Fe 的元素替代，根据电荷平衡理论，高价态的离子替换会导致带正电的氧空位的消失进而提高材料的铁电性；同时 Fe 位元素替代可以打破邻近的两个 Fe^{3+} 的反平行自旋，使邻近的自旋不能相互抵消，并且 Fe 位元素替代可以抑制 BFO 空间调制的螺旋磁结构，进而提高材料的铁磁性。在 $BiFeO_3$ 的 B 位离子掺杂中，比较常用的有 Mn、Nb、Cr 等，也有人用 Ti 进行 B 位掺杂。$BiFeO_3$ 中，倾斜的 Fe 磁矩空间调制结构导致室温下 BFO 呈弱铁磁性。Gehring 等人认为，Mn^{4+} 替代 Fe^{3+} 可以增强磁化，不过 $BiFe_{1-x}Mn_xO_3$ 仍然以反铁磁性为主，稍呈弱铁磁性。郑朝丹等人制备了 $BiFe_{1-x}Ti_xO_3$ 陶瓷，研究表明，Ti 掺杂后陶瓷样品的漏电流减小很多，适量的 Ti 掺杂能改善 $BiFeO_3$ 陶瓷的铁电性能。另外 Ti 掺杂也影响了 $BiFeO_3$ 的铁电 - 顺电相变温度 (T_C)。随着 Ti 掺杂量的增加，铁电 - 顺电相变温度逐渐降低。

通过 A 位和 B 位的适当组合进行共掺杂。共掺杂可以将 A 位和 B 位掺杂的效果综合起来，显著改善 BFO 的物理性能。Zhu 等人制备了 $(1\text{-}x)BiFeO_{3\text{-}x}DyFeO_3$ 固溶体，研究结果显示，钙钛矿结构的 A 位 Dy^{3+} 掺杂，改善了 $BiFeO_3$ 的磁性能。在 $(1\text{-}x)BiFeO_{3\text{-}x}DyFeO_3$ 固溶体中，异价的 Ti^{4+} 离子取代 Fe^{3+} 后，样品在室温下呈现较强的铁电、铁磁性。较强的磁化强度和电极化共存，有可能导致强的磁电耦合，使磁电效应的实际应用成为可能。Palkar 等人利用非磁性和磁性离子对 A 位和 B 位共掺，制备了 $Bi_{0.9}La_{0.1}Fe_{1-x}Mn_xO_3$ 粉体。研究结果显示，当 $x = 0.5$ 时，固溶达到饱和，开始出现第二相。Mn^{4+} 的直径小于 Fe^{3+}，替代使晶格参数 a 与 c 同时减小，但 a/c 却基本不变，铁电性质也不受 Mn 替代的影响[20-26]。

1.3.2 与 ABO_3 型钙钛矿铁电材料构成互溶体系

在铁磁电材料制备中，经常采用固溶法利用各种组元的优点加以整合，以获得最佳性能的新型材料。室温下，块材的介电性能和铁电性能较弱，极化率和介电常数值较低。主要因为半导特性导致高介电损耗。即使在固溶体中，损耗问题只是部分解决，而实验数据也有所不同。目前，另一种改善 BFO 陶瓷材料性能的方法是与其他 ABO_3 型钙钛矿结构的材料固溶，通过改变材料的结构来达到增强 BFO 多铁性能的目的。在 BFO 基固溶体中，最常见的为 $BiFeO_3$-$BaTiO_3$。Kumar M M 等人曾采用固相合成法制备了 $x$$BiFeO_3$-$(1-x)$$BaTiO_3$ 的固溶陶瓷，研究发现当 x 为 0.8 时，固溶陶瓷的电导率大于 x，为 0.9。原因可能是晶体缺陷和电荷空位增多，而两者的电导都随温度的增加而增加。当加入 $BaTiO_3$ 后，固溶体的铁电、铁磁等转变温度皆小于纯相 BFO 的转变温度。Maria T B 等人用固相法制备了 $BiFeO_3$-$BaTiO_3$ 固溶体，并在氧气氛中烧结，得到共存的铁电性和铁磁性。其中 0.7$BiFeO_3$-0.3$BaTiO_3$ 在室温下是赝立方相。室温下，$\varepsilon_r \approx 150$。175 ℃时，$\varepsilon_r \approx 1\ 600$，出现较宽的铁电顺电相变。$T_{N1} \approx 10$ K，$T_{N2} \approx 265$ K。温度低于 T_{N2} 时，同时出现的铁电性和反铁磁性导致了 0.7$BiFeO_3$-0.3$BaTiO_3$ 固溶体中磁电耦合的出现。2009 年，Ricardo A M Gotardo 等采用机械高能球磨法合成制备了单斜结构的 0.8$BiFeO_3$-0.2$BaTiO_3$ 纳米陶瓷，固溶体铁电性能和磁性能都有明显改善。

也有研究者将 $BiFeO_3$ 与其他铁电体（如 $PbTiO_3$ 等）互溶。Comyn T P 等用球磨法制备了 0.7$BiFeO_3$-0.3$PbTiO_3$ 块材，得到斜三方相和弱四方相的混合相。1 025 ℃下烧结的陶瓷没有得到饱和封闭的电滞回线，矫顽场达到 150 $kV \cdot cm^{-1}$。Kanai T 等人采用固相法制备了 $(PLZT)_x(BiFeO_3)_{1-x}$ 固溶陶瓷。研究发现当 $0.10 \leqslant x \leqslant 0.45$ 时，在室温下观察到了未饱和的电滞回线及饱和的磁滞回线。另外三元固溶体方面的工作也在进行。2003 年，Jeong 等研究了 $xBiFeO_3$-$yPrFeO_3$-$zPbTiO_3$ 三元固溶体系统，发现了铁电性和铁磁性共存的比例范围。2007 年该小组制备了三元固溶陶瓷 $xBiFeO_3$-$yDyFeO_3$-$zBaTiO_3$，并获得了饱和的极化强度。

与铁电体固溶虽然稳定了 $BiFeO_3$ 单相的生成，并且使 $BiFeO_3$ 基材料在室温下的磁性有所增强，但是电导还是没有得到大幅度的降低，磁性仍然很弱。也有人通过对 BFO 与铁电体构成的二元固溶体系掺杂来降低固溶体的电导率，选择的掺杂元素有 Zr、Ba、Ga、Mn、La 等。掺杂在一定程度上抑制了漏电流的产生，但室温下仍然无法得到饱和的电滞回线，陶瓷的电学性能仍有待进一步提高[26-29]。

1.4 铁酸铋的制备方法

BFO 陶瓷有多种制备方法，它的制备方法主要有传统固相反应法、快速液相烧结法、溶胶 - 凝胶法、水热法等。

1.4.1 固相反应法[30-32]

纯氧化物或化合物陶瓷一般可以采用固相反应法制备。烧结过程主要取决于陶瓷材料的表面能或晶粒的界面能。能量大的物质有降低其能量的趋势，在能量释放过程中，引起物质的迁移。由于这一过程的进行，使得粉料总表面下降、瓷坯内气孔排除、晶界减少并导致晶粒长大，产生所谓的烧结。

1. 扩散

从颗粒间生成颈部直到形成致密的陶瓷坯体的过程，主要是靠质点与空位的扩散来完成的。温度升高，振动的幅度就增大，最后可能有某些能量高于阈值而离开其平衡位置而产生所谓扩散物质迁移现象，通过扩散使晶粒长大，晶界移动，导致陶瓷坯体烧结。

对扩散速率有影响的是温度和晶格缺陷。温度愈高，扩散愈快。晶格缺陷愈多，表明能愈大，扩散的动力也愈大。

2. 烧结初期

相互接触的颗粒通过扩散使物质向颈部迁移，而导致颗粒中心接近，气孔形状改变并发生坯体收缩。这时颗粒所形成的晶界是分开的，继续扩散，相邻的晶界就相交并形成网络。

在晶界表面张力的作用下，晶界已可移动，开始了正常的晶粒长大。这时初期结束，进入烧结的中期阶段。

3. 烧结中期

烧结中期是晶粒正常长大的阶段。晶粒的长大不是小晶粒的互相黏结，而是晶界移动的结果。形状不同的晶界，移动的情况是不一样的，弯曲的晶界总是向曲率中心移动，曲率半径愈小，移动就愈快。边数大于六边的晶界易长大，边数小于六边的晶粒则易被吞并（从平面图上看，当晶界夹角为 120° 时最为稳定）。下图是烧结过程中晶界移动示意图（图 1-15）和烧结时多晶体界面的移动情况（图 1-16）。

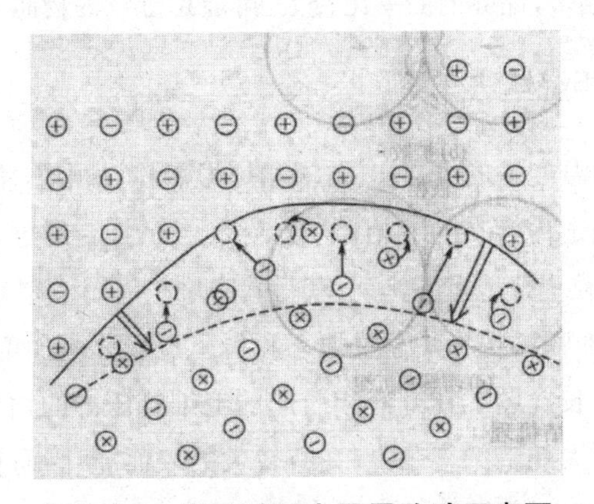

图 1-15 烧结过程中晶界移动示意图

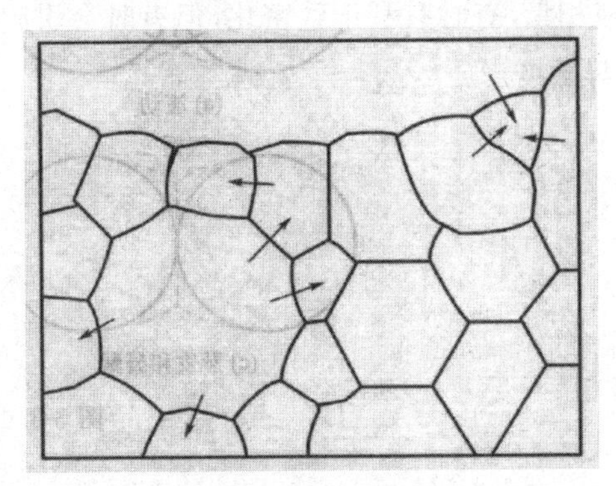

图 1-16 烧结时多晶体界面的移动情况

由于第二相包裹物（杂质、气孔等）的阻碍作用，当一个晶界向前移动，遇到一粒第二相物质时，为了通过这个障碍就要付出能量。通过以后，补全这段晶界又要付出能量。因此，晶粒长到多大，就完全取决于瓷坯中所有第二相包裹物的阻碍作用。

4. 烧结末期

凡是能够排除的气孔都已经从晶界排走，剩下来的都是孤立的、彼此不通的闭口气孔。这些气孔一般可以认为是处于晶界处。

要进一步把这些封闭的气孔排除是困难的，所以这时坯体的收缩和气孔率的下降都比较缓慢，这些是烧结末期表现出来的现象。

5. 二次重结晶 – 反常长大

当晶粒的正常长大由于包裹物的阻碍而停止的时候，可能有少数晶粒特别大，边数特别多，晶界的曲率比较大，可能越过包裹物而继续反常长大。

1.4.2 液相烧结法[30-32]

在烧结的温度下形成液相。若液相可湿润粉料颗粒，将产生液相烧结。在颗粒的间隙通道内存在的液相，导致毛细孔压力，它通过下列机理有助于致密化：①使颗粒更好地重新排列，获得紧密堆积（图 1-17）；②增大粒子间的接触压力，增加物料传输（通过溶入和析出过程），增加可塑变形，增加蒸气传输和晶粒生长（图 1-18）。液相引起的毛细管压力的增加，可大于 7 MPa。细颗粒具有较大的毛细管压力，并有较大的表面能，因而有比粗颗粒大的致密化推动能。液相烧结速率强烈依赖于温度，对于多数组成，温度稍为增高，将明显地增大液相量，有时有利于致密化，但有时会引起异常晶粒生长而不利于致密化，或导致变形。

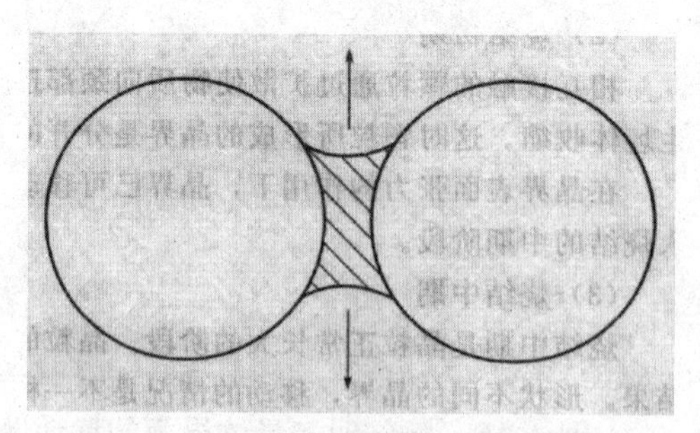

图 1-17 颗粒间的液相使颗粒靠近

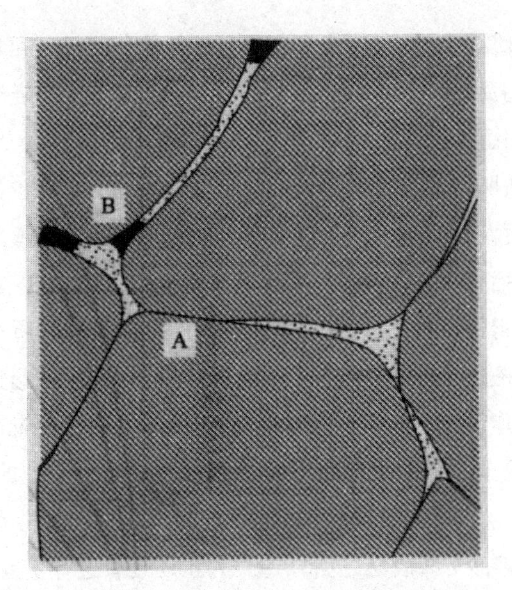

图 1-18 液相对晶粒长大的作用

1.4.3 溶胶 – 凝胶法 [30–32]

溶胶 - 凝胶法（也称化学溶液沉积法）是一种湿化学技术，将溶液中各类有机物或无机金属盐以分子级别甚至纳米级充分混合，以制取溶胶液。随后通过加酸水解或诱发缩聚反应使其转化为成分更均匀、结构更紧密的干凝胶，凝胶化反应会诱导溶液间形成有序结合的小颗粒。结合后的小颗粒以链状、网格状形成三维网络，随后的热处理和烧结过程有利于进一步缩聚，提高材料机械性能和结构稳定性并使晶粒生长成熟、致密化。热处理过程又称为自蔓延高温合成。此处的高温是由醇、酯、柠檬酸等有机物发生放热反应获得的高热量。这些有机燃料在反应初期产生大量可燃气体会使燃烧产生的火焰温度达到或超过 1 500 ℃。因此在这种强放热反应下，合成纳米材料所需要的反应温度会比其他方法的反应温度低，耗时短，且对设备、反应条件要求较低。溶胶可制备成粉末、纳米线、纳米片等。凝胶可制成气凝胶、致密固体等多种纳米材料。

溶胶 - 凝胶技术具有传统工艺不可比拟的优点：①可以在较低的合成及烧结温度下得到所需产物，即溶胶 - 凝胶法合成粉体和烧结温度比其他方法低。②高度的化学均匀性。将含有不同金属离子的溶液混合可达到化学均匀，这与传统方法所得混合物的均匀度相比要高得多。③高化学纯度。溶胶 - 凝胶法一般采用可溶性金属化合物作为原料，因此可以通过蒸发及再结晶等方法纯化原料，从而保证产品纯度。借助对原料进行蒸馏和再结晶，可以大大提高纯度，从而制得纯度高的超细粉体。④因合成温度较低，所得产物粒度均匀而细小。⑤从溶液反应开始，易于加工成形，可以制备各种形状的材料，如薄膜、纤维等。⑥操作简单，且不需要昂贵设备。凝胶化缩聚反应特有的高混合性和均匀性也适用于设计合成具有特定成分和微观结构特征的催化剂。溶胶 - 凝胶衍生材料在光学、电子、能源、陶瓷、锻造、传感器、医学和分离色谱技术方面均有应用。溶胶 - 凝胶法之所以迄今为止还没有进行工业生产，是因为此法还有如下缺点和不足之处，即原料成本高、处理过程中收缩量大、有机液体对人体有害、处理时间长等。

溶胶 - 凝胶法制备 BFO 陶瓷，一般是先制备 BFO 粉体，然后将预处理过的粉末压片，烧结，最后披覆电极，进行性能测试。具体步骤：首先按所需配比计算称量；将制备的溶液混合，混合液经水解反应形成溶胶、凝胶；将干凝胶预处理或者采用低温自燃烧法得到所需粉体；将预处理过的粉末压片，烧结，进行性能测试。图 1-19 给出 $BiFeO_3$ 粉体的制备工艺流程图。

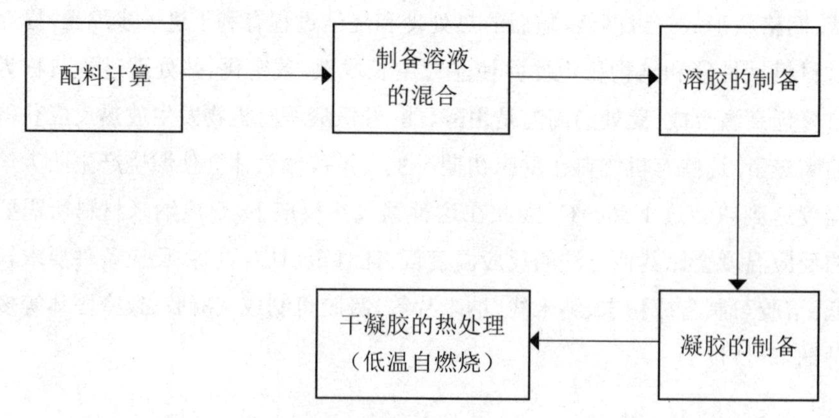

图 1-19 $BiFeO_3$ 粉体的溶胶 – 凝胶法制备工艺流程图

1.4.4 沉淀法[30-32]

沉淀法是在原料溶液中加入适当的沉淀剂，使得原料溶液中的阳离子形成各种形式沉淀物的方法。沉淀物的大小和形状可以通过反应条件来控制，然后再经过过滤、洗涤和干燥，有时还需经过加热分解等工艺过程而得到粉体。沉淀法可分为直接沉淀法、共沉淀法和均匀沉淀法。

直接沉淀法是使溶液中的某种金属阳离子发生化学反应而形成沉淀物，其优点是可以制备高纯度的氧化物粉体。

共沉淀法一般把化学原料以溶液状态混合，并向溶液中加入适当的沉淀剂，使溶液中已经混合均匀的各个组分按化学计量比共同沉淀出来，或者在溶液中先通过反应沉淀出一种中间产物，然后再将其煅烧分解。由于反应在液相中可以均匀进行，能获得在微观限度范围按化学计量比混合的产物，所以共沉淀法是制备含有两种或两种以上金属元素的复合氧化物粉体的重要方法。采用共沉淀法制备粉体的方法很多，比较成熟的有草酸盐法和氨酸盐法。

1.4.5 水热法[30-32]

水热法又称热液法，是指在密封的压力容器中，以水（或其他溶剂）作为溶媒（也可以是固相成分之一），在高温（>100 ℃）、高压（>9.81 MPa）条件下制备材料的方法。水热法的水热过程是高温、高压下在水、水溶液或蒸汽等流体中进行的有关化学反应的总称，水热过程制备纳米陶瓷材料粉体有很多不同的途径，具体主要有水热沉淀法、水热结晶法、水热合成法、水热分解法和水热机械 - 化学反应法。

第二章　实验铁酸铋材料制备方法与分析测试方法

2.1 固相反应法结合快速液相烧结技术制备铁酸铋样品

本实验采用固相反应法结合快速液相烧结技术制备 $BiFeO_3$ 基陶瓷样品，其制备流程如图 2-1 所示。

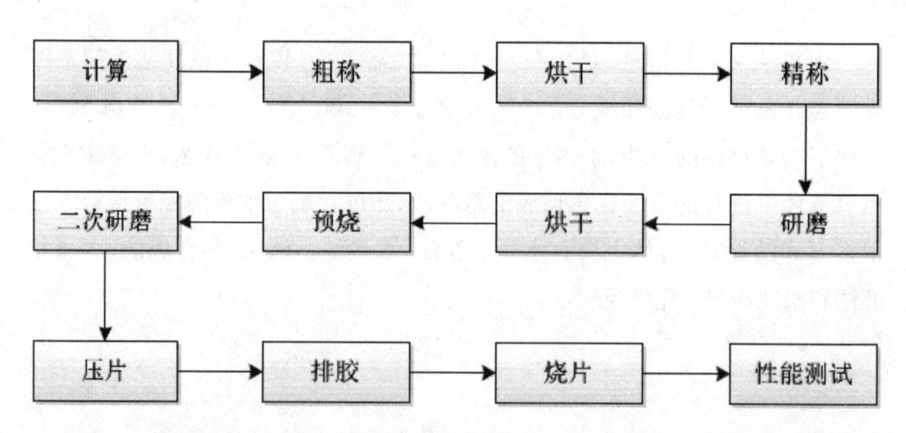

图 2-1　固相反应法结合快速液相烧结技术制备 $BiFeO_3$ 陶瓷实验流程

2.1.1 称量

根据样品的化学公式，计算出每种原料需要称量的量，先将每种原料粗称，然后再放置真空干燥箱中烘干。切记，每称量好一种样品放入烧杯后都要用保鲜膜盖好，以防止样品在移动或等待烘干的过程中被污染。干燥结束后，再使用梅特勒电子天平进行精确称量，其精确度为 0.000 01 g，误差不得大于 0.000 05 g。精确称量时，在打开仪器开关并放入称量纸后，需要关闭两侧玻璃门并等待数值稳定后再进行称量操作，注意每称量一组样品前都需要置零并更换新的称量纸以避免样品间的交叉污染，影响最后的实验结果，称量过程中应该尽量保持房间安静，关闭空调并减少人员走动，因为过大的空气扰动将会影响称量的精度导致读数错误，影响原料配比的精确度。本实验所用到的梅特勒天平如图 2-2 所示。

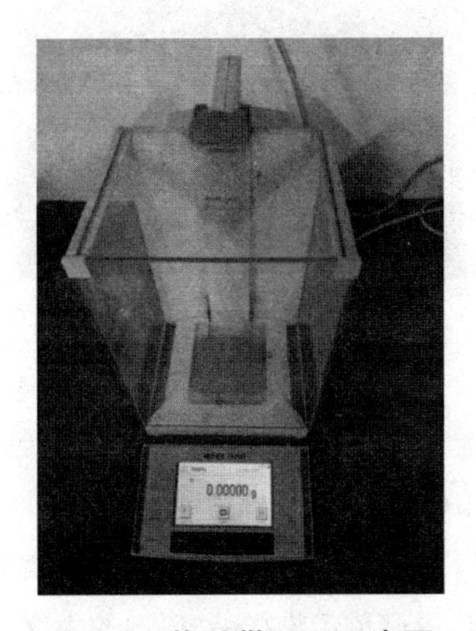

图 2-2 梅特勒天平示意图

2.1.2 研磨

研磨分为手动研磨和球磨两种。手动研磨是在研钵中进行，把称量好的粉体放入玛瑙研钵中用手磨 n 小时，以使样品充分混合。球磨是利用行星球磨机进行操作；将配好的粉体和二氧化锆球放入玛瑙罐中，以无水乙醇为球磨介质，装入行星球磨机，转速在 300 r/min 左右，正反转轮番球磨 n 小时。

本实验采用手动研磨，所使用的研钵为玛瑙研钵，在研磨前应确保研钵洁净，在研钵使用前应先用刷子将能看到的杂质刷洗干净，然后用浓硝酸和水的配比为一比三的溶液浸泡 2 h，浓硝酸具有腐蚀性，切记配比溶液的先后顺序是先倒入适量清水再倒入适量浓硝酸，操作过程需要戴上手套。研钵浸泡后，先用清水冲洗，然后再用去离子水反复清洗，然后用酒精棉擦拭表面，自始至终擦拭方向保持一致，以避免棉絮残留到钵体内表面影响实验结果，擦拭的标准是多次擦拭后酒精棉仍干净无杂质，最后用吹风机吹干即可。研钵如图 2-3 所示。由于实验室并无裁剪好的酒精棉，因此需要自己裁剪，在瓶中倒入适量的酒精后放入裁剪好的大小合适的酒精棉，切记裁剪时要戴上一次性手套，棉花要用剪刀裁剪不能手撕，一是避免手的二次污染，二是撕棉花容易掉许多棉絮，擦拭仪器的时候容易在仪器上留下棉絮。

图 2-3 研钵

将称量好的样品原料依次倒入洁净干燥的研钵中，在研磨前准备一个干净的药匙在研磨过程中使用，并在研钵下面垫一张干净的 A4 纸，记录本次研磨的样品信息、研磨时长等信息，以确保下次不会弄混实验样品。在研磨过程中戴上一次性手套和口罩避免污染样品，研磨的力度尽量均匀，研磨方向保持一致，每组样品研磨时长最少为 6 h，尽量一次性研磨完成一组样品，不要有太长的时间间隔，以减少污染实验样品的可能性，在研磨过程中可以滴入少量的无水乙醇，但是添加时间间隔至少为 2 h，过多的无水乙醇残留将会影响最后的检测结果。研磨时尽量慢速，切不可急功近利，不然研磨样品的洒出所导致反应物配比不准确，或研磨过程中杂质的污染都将对最后的实验结果造成重大的影响。

2.1.3 预烧

预烧是传统固相烧结法中常用的预先对原料进行热处理的工艺。对于某些材料，原料在预烧过程中产生一系列的物理化学反应，能改善坯料的成分及组织结构，提高样品的性能。本书在 700 ℃对所制备的样品进行预烧，时间为 2 h。 设备如图 2-4 所示。

图 2-4　箱式炉

2.1.4 压片

在为不同实验组压片前，都要对压片所用到的模具进行清洗，先将模具拆开放入烧杯中，倒入无水乙醇和去离子水的混合溶液至刚没过模具即可，然后连着烧杯一起放入超声波清洗机中 10 min，再用酒精棉挨个将模具擦拭干净，注意同样不能残留棉絮在模具上面，最后用吹风机吹干；为了进一步确保模具干净，在每次清洗后都要用聚乙烯醇压制几片成片，直至压出来的成片表面完全干净为止。

将预烧后的实验样品放入研钵中再研磨半小时左右，尽可能地使样品细粉颗粒尺寸细小，使样品更加精细，以便于压片的成型。采用粗称电子天平（如图 2-5 所示）称取合适的粉体，放入模具进行压片。压片机为手动操作，如图 2-6 所示，操作过程需戴上一次性手套，由于不同的实验样品压制成样片所需的条件不尽相同，经过多次实验后发现当压强为 10 MPa、保压时间为 2 min 时成片率最高。成片的标准是完整无裂痕，表面不能有任何缺陷、坑洼之处，在 17 cm 左右的高度下落不会碎裂，具有一定的硬度；如果经过多次压片仍没有出现完美的样片，则可以加入适当 PVA 胶来增强粉末样品的黏合度，切记量不可过多，4～5 滴即可，以避免增大实验过程中的可变性。压片时无论是加压过程还是卸压过程都要保持力度均匀缓慢，这样成片率更高。当天使用完压片机后要日常维护进行保压来延长仪器使用寿命、确保度数准确，保压的压力在 10 MPa 左右。

图 2-5 粗称电子天平

压片时注意的事项：首先要做好压片模具的清洁工作，避免杂质的混入，尽量保证压片过程中样品的纯度；其次要保证所施压力的均匀性，避免忽快忽慢，这样可以提高样品的成型率和成型质量。另外，每压完一种样品都要清洗一次模具，防止不同掺杂含量样品间的污染。

图 2-6 压片机

2.1.5 烧结

本实验所用的烧结炉为真空管式高温实验炉（KJ-1400G），外观如图 2-7 所示，该仪器由郑州科佳电炉有限公司生产，可实现 S 型单铂铑热电偶测温；智能化 30 段可编程程序控温；炉膛四周良好的耐火纤维隔热，可使加热效率最大化；采用双层炉体结构，炉膛内温度均匀，箱外部保持低温。

本实验采用快速液相烧结法对样品进行烧结，即在烧结过程中，存在活性液体，液相烧结的驱动力来自细小固体颗粒间液相的毛细管压力。对 $x=0$ 的样品，其烧结温度为 850 ℃，烧结时间为 30 min；对掺杂样品，其烧结温度为 860 ～ 880 ℃，烧结时间为 30 min。烧结后的样品直接从炉子中取出，放于空气环境中自然冷却到室温。

图 2-7　KJ-1400G 型真空管式高温实验炉

烧结时的具体温度程序如下：

$$\text{室温}\xrightarrow{60\ \text{min}}300\ ℃\xrightarrow{10\ \text{min}}300\ ℃\xrightarrow{60\ \text{min}}600\ ℃\xrightarrow{10\ \text{min}}600\ ℃\xrightarrow{60\ \text{min}}850\ ℃/865\ ℃/870\ ℃\xrightarrow{30\ \text{min}}850\ ℃/865\ ℃/870\ ℃\xrightarrow{60\ \text{min}}500\ ℃\xrightarrow{\quad}-121\text{（烧结结束）}。$$

2.2 溶胶－凝胶法制备铁酸铋样品

2.2.1PVA 溶胶－凝胶法制备铁酸铋粉体

首先制备质量分数约为 3% 的聚乙烯醇 (PVA) 水溶液。称取相同物质的量的 $Bi(NO_3)_3 \cdot 5H_2O$ 和 $Fe(NO_3)_3 \cdot 9H_2O$ 溶于适量的冰醋酸中，充分搅拌，形成澄清透明的溶液；将该溶液与 PVA 水溶液按一定比例混合，搅拌使其充分混合，形成溶胶；将溶胶放置在 85 ℃的干燥箱中加热形成干凝胶。将所得干凝胶研磨并在 500 ℃下预处理 1 h，得到超精细粉体。制备工艺流程如图 2-8 所示。

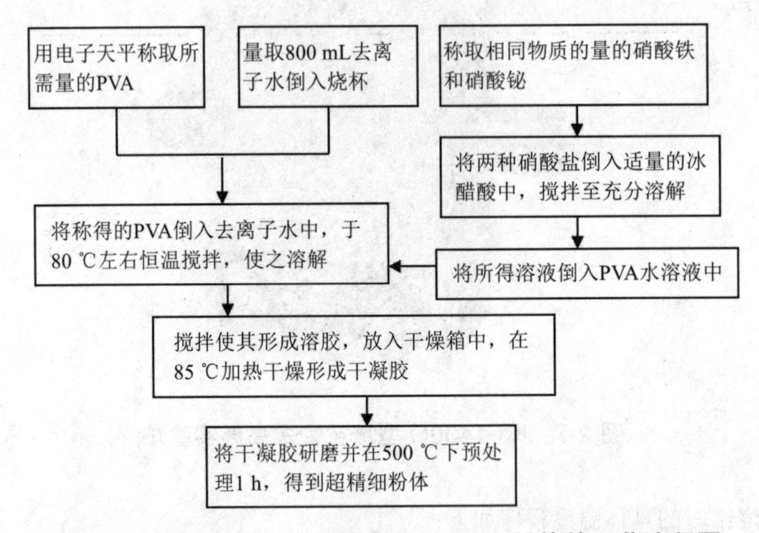

图 2-8　PVA 溶胶－凝胶法制备 $BiFeO_3$ 粉体的工艺流程图

2.2.2 柠檬酸盐溶胶－凝胶法制备铁酸铋粉体

称取一定量的 $Bi(NO_3)_3 \cdot 5H_2O$、$Fe(NO_3)_3 \cdot 9H_2O$，分别用稀硝酸和去离子水溶解。为补偿 Bi^{3+} 的挥发，将硝酸盐溶液按 $Bi^{3+} : Fe^{3+} = 1.04 : 1$ 的物质的量比混合，边搅拌边加入柠檬酸水溶液，然后用氨水调节 pH 值。加入适量聚乙二醇，于 80 ℃用磁力搅拌器持续搅拌加热蒸发水分。将得到的透明液体倒入蒸发皿加热并搅拌，最终发生自蔓延燃烧，得到疏松状粉末。制备工艺流程如图 2-9 所示。

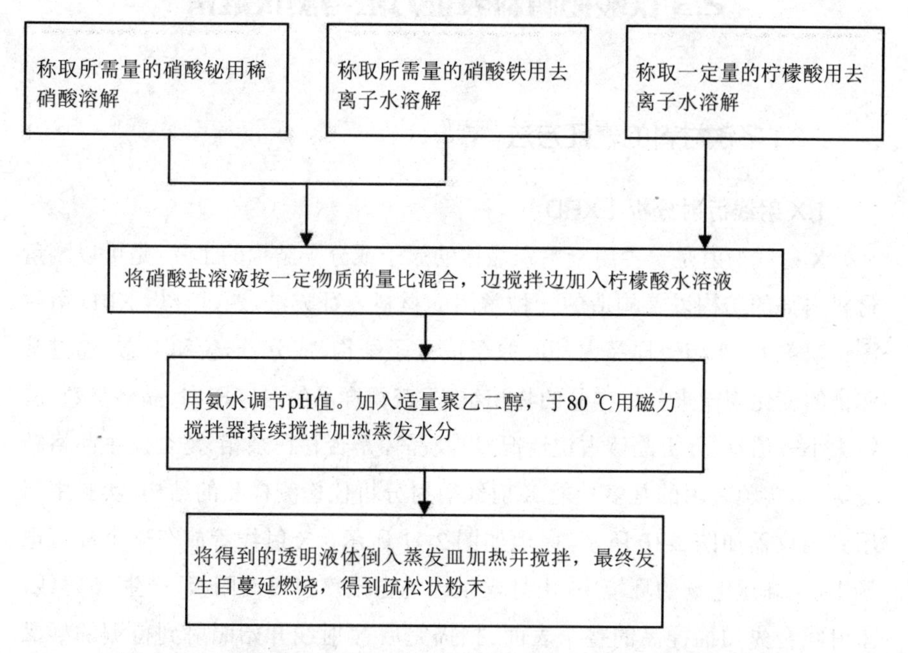

图 2-9　柠檬酸盐溶胶 - 凝胶法制备 $BiFeO_3$ 粉体的流程图

将两种方法得到的粉末研磨，在 10 MPa 压力下压成直径为 11 mm，厚度约 1.5 mm 的圆片。在管式炉中于设定温度下烧结。制得的 $BiFeO_3$ 陶瓷片经打磨、镀银、580 ℃ 烧结后用于性能测试。另外，将柠檬酸溶胶 - 凝胶法制得的自燃烧粉末压片后直接用于铁电和介电性能测试。

2.3 铁酸铋材料表征方法与测试准备

2.3.1 多铁材料的表征方法[32–34]

1.X 射线衍射分析（XRD）

X 射线衍射是一种用于鉴别晶体的原子或分子结构的工具，是可以测量材料内部的结构以及构造的一种常用的材料表征方法，通过分析 XRD 衍射图谱研究 CFO 陶瓷样品内部的原子或分子结构、成分、形貌和形态。通过其图谱的变化规律来分析样品的物相组成，获得样品的晶胞取向、晶格参数、晶粒大小等信息，分析晶体占位情况，以及晶体是否存在杂相、是否发生晶格畸变等。本实验采用的是多功能 X 射线衍射分析仪检测样品的结构。实验中所用到的仪器如图 2-10 所示。原理如图 2-11 所示，X 射线管放在一个高压电场中，在高压电场的环境中，由灯丝发出的电子疾速飞向阳极，产生 X 射线，X 射线会先扫描样品的整个表面。扫描完后 X 射线开始照射到待测的样品表面，这个时候会产生衍射。这是因为被测样品内部原子的核外电子被散射。如果被测药品具备完整的原子结构，那么晶体内部的原子就会有周期性地分布，在此基础上就可以产生衍射，能够定性了解原子内部排布情况，由布拉格衍射公式也可以定量计算出晶粒间的距离。物质由很多晶粒组成，晶粒的晶向是随机的。X 射线与之相遇，从而产生衍射。所以我们可以通过使用 X 射线衍射分析技术的原理来扫描样品表面，从而能够获取样品的成分、内部构造和状态。衍射定理满足布拉格方程：

$$2d\sin\theta = n\lambda \tag{2-1}$$

其中，d 是晶面间距，θ 是布拉格角（是入射线和晶面之间的夹角），n 是衍射级数，为整数，λ 是入射光的波长。如果满足布拉格衍射条件时，那么衍射线就会在晶粒内部各个反射方向上得到叠加而增强。从该方程中可以得到最基本的两种测量方法，第一种是波长 λ 不变，改变布拉格角 θ，就需要晶面间距 d 不断改变来满足衍射；第二种是布拉格角 θ 不变，连续改变波长 λ，使不同的晶面满足衍射定理。

图 2-10　多功能 X 射线衍射分析仪

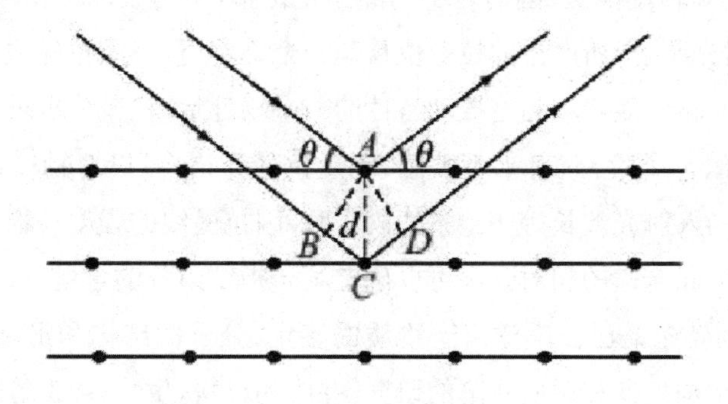

图 2-11　X 射线衍射原理图

X 射线衍射仪的技术是将 X 射线技术与计算机结合，通过 X 射线管和测角仪来检测出衍射线的强度及其位置，从而将物理信号转化为电信号，再借助计算机技术记录数据和测得的衍射图。

2. 拉曼光谱（Raman spectroscopy）

拉曼光谱是一种用于测量分子振动和转动能级变化的散射光谱。图 2-12 为瑞利散射和拉曼散射示意图。当一束频率为 ν_0 的单色光照射到样品时，少部分入射光子与样品分子发生碰撞后向各个方向散射。如果碰撞过程中光子与分子不发生能量交换（即弹性碰撞），这种光的散射为弹性散射，通常称之为瑞利散射；如果入射光子与样品分子发生能量交换，这种光的散射则为非弹性散射，也称为拉曼散射。在拉曼散射中，若光子把一部分能量传给样品分子，使一部分处于基态的分子跃迁到激发态，则散射光的能量减少，在垂直方向测量到的散射光中，可以检测到频率为（$\nu_0-\Delta\nu$）的谱线，称为斯托克斯线。相反，如果光子从样品激发态的分子中获得能量，样品分子从激发态回到基态，则在大于入射光频率处可以检测到频率为（$\nu_0+\Delta\nu$）的散射光线，称为反斯托克斯线。斯托克斯线及反斯托克斯线与入射光频率之差 $\Delta\nu$ 称为拉曼位移，拉曼位移的大小与分子的跃迁能级差一样，因此，对应于同一分子能级，斯托克斯线与反斯托克斯线的拉曼位移是相等的。但是在正常情况下，大多数分子处于基态，测量得到的斯托克斯线的强度比反斯托克斯线强得多，所以在一般拉曼光谱分析中，都采用斯托克斯线来研究拉曼位移。拉曼光谱图中的横坐标代表拉曼位移，拉曼位移与物质分子的振动和转动能级有关，不同的物质有不同的振动和转动能级，因而有不同的拉曼位移，但对于同一物质，若以不同频率的入射光照射，所产生的拉曼位移是一个确定值，因此拉曼位移是表征物质分子振动、转动能级和晶格振动特性的一个物理量。拉曼分析时一般对样品无任何损坏、灵敏度高、对水不敏感。测量拉曼光谱，可以对物质结构定性或定量分析。当入射光波长等实验条件固定时，因拉曼线的强度与物质的浓度呈线性关系，因此光谱的相对强度可以确定某一指定组分的含量，可用于定量分析。目前，拉曼光谱已被广泛用于物质的鉴定、分子的结构和组态、晶体对称性、固体的结构相变和杂质缺陷的研究，并成为材料、生物、环保等领域的重要分析手段。实验中使用的拉曼光谱仪如图 2-13 所示。

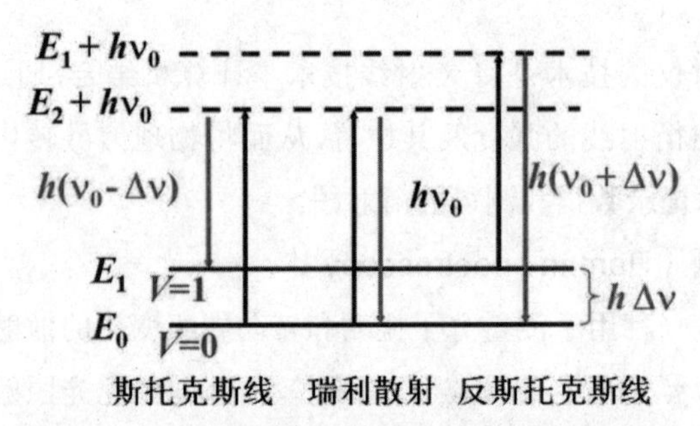

图 2-12 瑞利散射和拉曼散射示意图

图 2-13　拉曼光谱仪

3. X 射线光电子能谱（XPS）和俄歇电子能谱 (AES)

X 射线光电子能谱（X-ray photoelectron spectroscopy，简称 XPS）也就是“化学分析用电子能谱（electron spectroscopy for chemical analysis，简称 ESCA）”，是目前应用最为广泛的表面元素分析、化学态、能带结构等的分析方法之一。XPS 分析的基础是爱因斯坦的光电定律和化学位移概念。

当用一束软 X 射线照射固体样品时，入射光子同样品相互作用，光子被吸收而将其能量转移给原子的某一壳层上被束缚的电子，此电子把所得能量的一部分用来克服结合能和功函数，余下的能量作为它的动能而发射出来，此电子叫作光电子。按爱因斯坦光电定律，有

$$E_k = hv - E_b - \Phi \tag{2-2}$$

式中 hv—光子能量，其值由所使用的 X 射线而定，是已知量；

E_k—光电子动能，是所要测定的量；

E_b—内壳层束缚电子的结合能；

Φ—谱仪的功函数。

只要测得 E_k 便可算出 E_b。各种元素都有它的特征的电子结合能，因此在能谱图中就会出现特征谱线，根据这些谱线在能谱图中的位置就可以鉴定元素的种类，来进行定性分析。此外，电子的结合能受核内、外电荷分布的影响，如果电荷分布发生变化，电子结合能就随之而改变。由于原子的化学环境不同而引起电子结合能的变化称为化学位移，在谱图上表现为在不同的化学环境下同种原子的谱峰位置发生了相对位移。所谓的原子所处的化学环境不同大体上有两方面的含义：一是指与它结合的元素种类和数量不同，二是原

子具有不同的价态。正因为XPS能测出内层电子结合能位移，所以它在化学分析中获得了广泛的应用。根据内壳层电子结合能的化学位移和峰形，便可鉴定化学态或化合物的结构。X射线光电子能谱谱线强度反映原子的含量或相对浓度；测定谱线强度，便可进行定量分析。X射线光电子能谱可分析除氢、氦以外的所有元素，其测量深度为十分之几纳米到几纳米，对多组分样品，元素的检测限为0.1%（原子分数）。

同时XPS可以用于做深度分析，以了解样品中元素的含量及化学结构随深度的变化或在膜层与基体界面处各元素的分布状态。XPS可以用于做深度分析通常是采用离子束溅射掉样品表面的原子，然后对溅射后的样品表面采用XPS进行分析，这样就可以检测到样品组成元素在垂直于样品表面的方向上的信息。X射线光电子能谱仪如图2-14所示。

图2-14　X射线光电子能谱仪

4. 扫描电子显微镜

扫描电子显微镜（SEM）是一种通过聚焦电子束扫描样品并产生图像的电子显微镜。电子与样品中的原子相互作用，产生各种信号，其中包含样品表面形貌和组成的有关信息。电子束一般通过某种光栅装置扫描，并且该光束的位置与所检测的信号结合最终生成扫描图像。SEM分辨率可以达到1 nm，可以观察到在高真空、低真空或在潮湿的条件下的样本，而且可测温度范围很广。

扫描电镜的制造依据是电子与物质的相互作用，利用电子束和固体样品表面作用时的物理现象。扫描电子显微镜具有由三极电子枪发出的电子束经栅极静电聚焦后成为直径为 50 mm 的电光源。在 2 ～ 30 kV 的加速电压下，经过 2 ～ 3 个电磁透镜所组成的电子光学系统，电子束会聚成孔径角较小，束斑为 5 ～ 10 nm 的电子束，并在试样表面聚焦。末级透镜上装有扫描线圈，在它的作用下，电子束在试样表面扫描。高能电子束与样品物质相互作用产生二次电子、反射电子、X 射线等信号。这些信号分别被不同的接收器接收，经放大后用来调制荧光屏的亮度。由于经过扫描线圈上的电流与显像管相应偏转线圈上的电流同步，因此，试样表面任意点发射的信号与显像管荧光屏上相应的亮点一一对应。也就是说，电子束打到试样上一点时，在荧光屏上就有一亮点与之对应，其亮度与激发后的电子能量成正比。换言之，扫描电镜是采用逐点成像的图像分解法进行的。光点成像的顺序是从左上方开始到右下方，直到最后一行右下方的像元扫描完毕就算完成一帧图像。这种扫描方式叫作光栅扫描。它是处于透射电镜和光学显微镜之间的微观形貌的方法，电子与物质相互作用，二次电子信号得到所测材料表面放大的图像。它有非常高的放大倍数，20 ～ 20 万倍之间连续可调，视野大，有立体感，从微观图像可以看到样品的凹凸不平表面的细微结构。

目前的扫描电镜都配有 X 射线能谱仪装置，这样可以同时进行显微组织形貌的观察和微区成分分析，因此它是当今十分有用的科学研究仪器，观察粉末状样品，进而得到样品的微观结构图像。

5. 正电子湮没测试[35]

正电子是电子的反粒子，进入材料后经过热化、扩散过程后很快损失能量并与电子相遇而发生湮没；电子和正电子的全部质量转换成电磁辐射，即产生两个能量为 0.511 MeV 的 γ 光子，这一现象即为正电子湮没。正电子从产生到与电子发生湮没所经历的时间称为正电子寿命。正电子在完整晶格处的湮没称为自由态湮没，相应的寿命和强度和分别用 τ_1 和 I_1 表示。当材料中存在缺陷（如空位、位错、微空洞等）时，缺陷处的电子密度较低且呈负电性，由于库仑引力的作用，正电子容易被缺陷捕获后湮没。由于缺陷处的电子密度较小，因此相应的正电子寿命较自由态的寿命大。图 2-15 所示为正电子在材料中被缺陷捕获的示意图。

正电子在不同的捕获态的寿命不同，相应的强度也不同。不同捕获态湮没寿命分别用 τ_1、τ_2、τ_3……表示，其相应强度分别用 I_1、I_2、I_3……表示

($I_1+I_2+I_3+\cdots\cdots=1$)。在一些氧化物陶瓷中，正电子湮没通常采用二态捕获模型，即自由态湮没和捕获态湮没。平均寿命 τ_m 表示为

$$\tau_m = I_1\tau_1+I_2\tau_2 \tag{2-3}$$

反映正电子在材料中湮没的整体情况，具有普遍的可靠性。

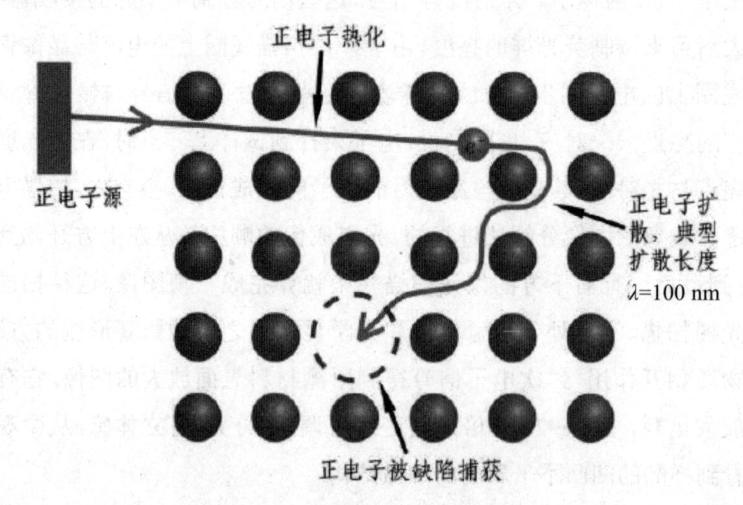

图 2-15 正电子的湮没过程

根据局域密度近似理论，正电子湮没区的电子密度 n_e 表示为

$$n_e = \frac{\lambda}{\pi c r_0^2} \tag{2-4}$$

其中，r_0 是经典电子半径，c 是光速，$\lambda=\frac{1}{\tau_1}$ 被定义为正电子湮没率，n_e 为正电子所在处的电子密度，正电子湮没率与 n_e 成正比。

正电子寿命谱仪常采用 22Na 源，其工作原理如图 2-16 所示。22Na 源放出 1.28 MeV 的 g 光子被起始道探测器所探测，由阳极输出信号经过恒比定时甄别器以后进入时间幅度转换器的起始道，与这个 g 光子同时放出的还有正电子。正电子射入凝聚态物质后，由于其带正电荷，故受到同样带正电荷的原子实的强烈排斥。正电子通过与原子实以及电子的非弹性散射碰撞而很快损失动能，在 $1\times10^{-9}\sim3\times10^{-9}$ s 内慢化到热能。此后正电子在凝聚态物质中扩散，在扩散过程中会与电子湮没产生 2 个 511 keV 的 g 光子，产生终止信号，进入时间幅度转换器的终止道。当两信号的时间差在时间幅度转换器

的量程之内便可转换出一个电压正比于两信号时间差的脉冲信号。该脉冲信号输入多道分析器得到正电子寿命谱。

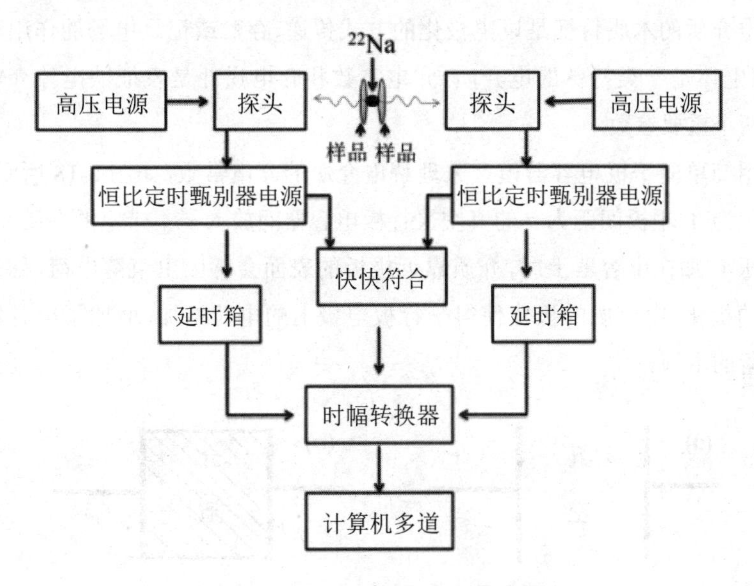

图 2-16 正电子湮没原理图

本书采用快 - 快速符合寿命光谱仪测量正电子湮没寿命谱，仪器如图 2-17 所示。将待测试的 2 个样品夹住以 Kpaton 膜作为衬底的 ^{22}Na 正电子源形成三明治结构。每个光谱包含总共超过 10^6 个计数，同时测两个谱求出平均值以确定其精度。通过 POSITRONFIT 程序进行分析寿命谱。

图 2–17 正电子寿命谱仪和符合多普勒展宽系统

6. 介电性能测试

（1）介电常数和介电损耗。

电介质的本质特征是以电极化的方式传递、存贮或记录电场的作用和影响。铁电体是一类特殊的电介质，介电常数和介电损耗是表征铁电体介电性能的两个重要参数。

用简单的平板电容器模型来理解电介质的介电常数，如图 2-18 所示。在一面积为 A，平板间距为 d 的真空平行板电容器间放入一不带电的介质晶体，当电压 V 加在电容器上时，介质靠近极板的表面会感应出束缚电荷，称为电介质的极化。电介质的极化使得平行板电极上的电荷增加，增加了电容器容纳电荷的本领。

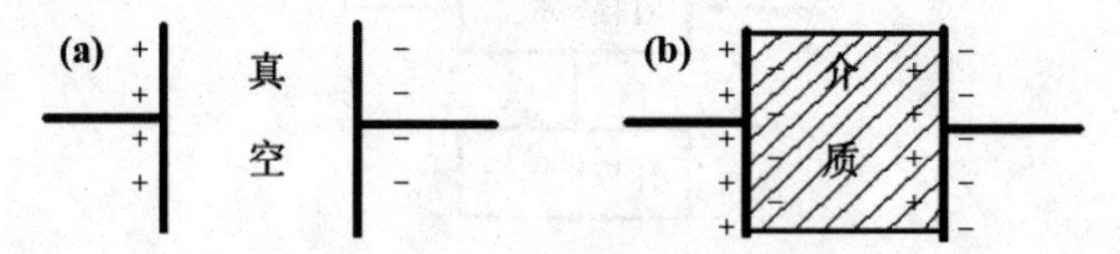

图 2-18　平行板电容器模型

假使此时电容器所带电量为 Q_1，则有

$$Q_1 = C_1 V = \varepsilon_r \varepsilon_0 (A/d) V \tag{2-5}$$

其中，ε_r 为材料的相对介电常数，通常简称为介电常数，C_1 为电容器有介质时的电容。故 ε_r 可用下式进行计算：

$$\varepsilon_r = \frac{C_1}{C_0} = \frac{C_1}{\varepsilon_0} \times \frac{d}{A} \tag{2-6}$$

由式 (2-6) 可以看出，介电材料的 ε_r 越大，电容器能够容纳的电荷越多，容纳相同电量的电容器所需要的体积尺寸也就越小。因此，具有高介电常数的材料，可使电容器的尺寸大为减小。这对于现代电子工业器件小型化具有重要意义。

介电损耗是指电介质在被反复极化过程中，电场对介质极化所提供的能量，有一部分要消耗于电矩的反复取向转动、电畴壁间的摩擦，这部分能量没有转化为介质的极化能而作为热运动能量被消耗，从而使动态的介电常数与静态时的不同。

对于电介质来说，当频率不太高时，介质中一些弱束缚的电荷在晶格中长程迁移，引起微弱电导，由此产生的漏导电流在介电损耗中占主要地位。当频率升高时，介电极化逐渐跟不上电场的变化，反复极化引起的内摩擦增大，极化弛豫起主导作用，电导率增大，也会导致材料损耗的增大。因此，材料的电导率的大小与漏导电流和介电损耗有着密切的关系。

（2）复阻抗谱分析。

复阻抗分析方法是通过测量元件的复阻抗与频率的关系曲线，作出复阻抗平面图，由此分析材料中晶粒及晶界等对电导的贡献，是研究材料晶粒和晶界电学性质的有效方法。阻抗的复数形式可以表示为

$$Z = R - iX \tag{2-7}$$

Nyquist 图以阻抗虚部 (X) 对阻抗实部 (R) 作图，是最常用的阻抗数据的表示形式。

多晶介质材料的交流阻抗包括晶粒、晶界和界面阻抗，等效电路图如图 2-19(a) 所示，其中，R_1、C_1、R_2、C_2、R_3、C_3 分别为晶粒、晶粒边界和介质与电极界面的贡献。对于我们目前研究的陶瓷材料，由于陶瓷与电极之间是良好的欧姆接触，因此 R_3、C_3 可以忽略，其简化等效电路如图 2-19 (b) 所示。相应的阻抗谱图如图 2-19 (c) 所示。简化的阻抗谱由 2 个半圆组成，高频半圆是由于晶粒的贡献，较低频半圆是由于晶界的贡献。

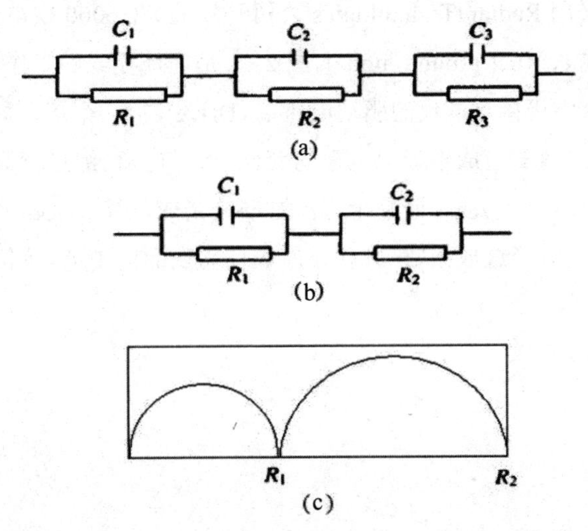

图 2-19　多晶材料的等效电路 (a) (b) 以及其简化阻抗谱 (c)

在非理想电路中，由于材料中双电层电容的频响特性与纯电容的并不一致，存在或大或小的偏离，导致在实际阻抗谱中半圆的圆心不在实轴上，而是在实轴的下方，圆弧被压缩。

本书使用 VDMS-2000 高低温介电温谱测量系统和精密阻抗分析仪（如图 2-20 所示）测试样品在不同频率的介电常数（ε_r）和介电损耗 $\tan\delta$。频率范围为 40 Hz ～ 1 MHz，测试电压为 200 mV，室温下进行测试。实验制备流程：将成相质量良好的样品，打磨光滑并放在超声波清洗仪中将样品表面的残余粉末清除，涂上银浆后在干燥箱中（60 ℃，20 min）烘干。

图 2-20　阻抗分析仪

7. 铁电性能测试

铁电测量采用 RadiantTechnologies 公司开发的 RT 6000 铁电测试仪，仪器采用虚地模式 (virtual ground mode)。图 2-21 是虚地模式的工作原理电路。待测样品的一个电极接测试仪的驱动电压端 (Drive)，另一个接仪器的信号采集端。样品极化的改变造成电极上电荷的变化，形成电流。流过待测样品的电流不能进入集成运算放大器，而是全部流过横跨集成运算放大器输入输出两端的放大电阻。电流经过放大、积分就还原成样品表面的电荷，单位面积上的电荷量即是极化强度。

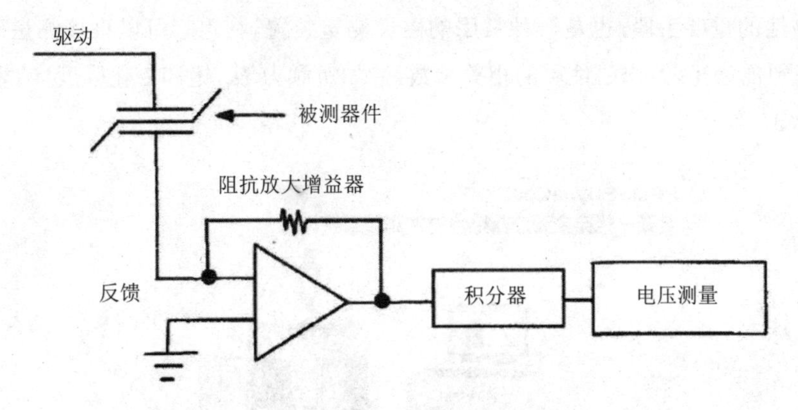

图 2-21 铁电测试仪虚地模式的测试电路图

室温下，在样品两端依次加上不同的电压，为了使样品在电场作用下极化充分进行，需要保持适当长的时间，得到样品的电滞回线随电场的变化关系。实验所用铁电仪如图 2-22 所示。

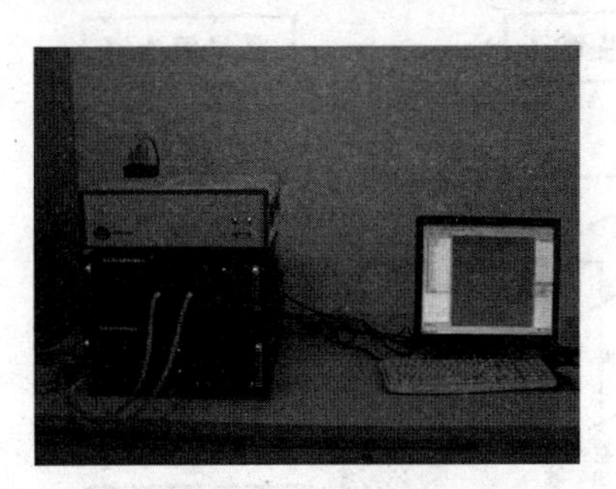

图 2-22 铁电测试

8. 磁学性能测试

本书利用美国Quantum Design 公司的综合物性测量系统（physics property measurement system，PPMS）中的振动样品磁强计（VSM）对材料进行了磁行为的表征，如图 2-23 所示。VSM 适用于测试磁性材料，一般包括磁性粉末材料、超导材料、磁性薄膜、磁记录材料和块体材料等。实验测试的背景磁场为 0.5 T，在 $T=5\sim300$ K 范围内测试样品的磁温（ZFC）曲线；在 $T=10$ K 和 13 K（反铁磁相变温度附近）条件下测量磁滞回线（M-H）。

振动样品磁强计 (vibrating sample magnetometer，简称 VSM) 是测量材

料磁性的重要手段，也是一种常用的磁性测量装置。利用它可以直接测量磁性材料的磁矩，给出磁性质的相关参数，诸如矫顽力 H_c，饱和磁化强度 M_s 和剩磁 M_r 等。

图 2-23 综合物性测试系统（PPMS）

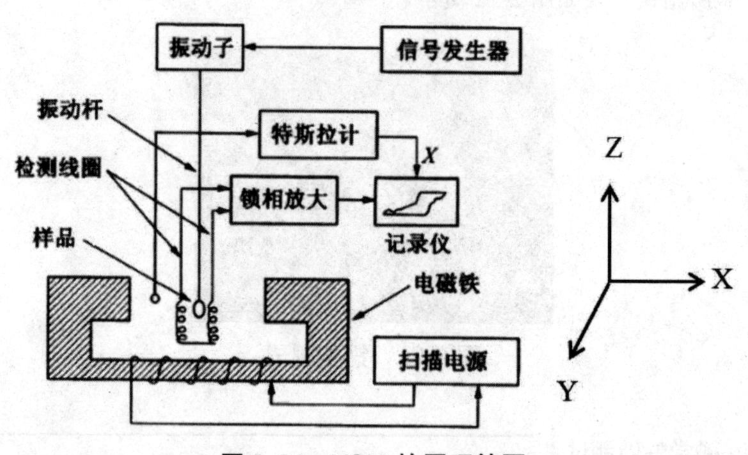

图 2-24 VSM 的原理简图

图 2-24 是 VSM 的原理简图。振动样品磁强计的原理就是将一个位于外磁场中被磁化了的小尺寸的样品 ($4\times5\ mm^2$ 或更小）视为磁偶极子，因此样品在其周围空间将产生磁场，如将一个小的探测线圈放在样品附近，线圈的轴线方向与外加均匀磁场的方向互相垂直，磁力线不通过探测线圈，而样品产生的磁力线将部分通过线圈，当样品在振动头中的驱动线圈作用下沿轴线方向围绕其平衡位置附近作频率为 ω 的等幅振动时，探测线圈包围的磁通量

将发生变化。等效于振动的样品所产生的交变磁场导致穿过探测线圈的磁通量发生变化，从而在探测线圈中产生感应电动势 ε，其大小正比于样品的总磁矩 μ_B，利用电子放大系统，将处于上述偶极场中的检测线圈中的感应电动势进行放大检测，再根据已知的放大后的电压和磁矩关系求出被测磁矩。如图 2-24 所示，设磁化场沿着 x 轴方向，而样品 S 沿着 z 轴方向作等幅微振动。在 r 端点处放一个匝数为 N、截面为 S 的检测线圈，其对称轴平行于 z 轴。则根据感生电压的大小推知样品的总磁矩：

$$\varepsilon = K\mu = KVM_s \tag{2-8}$$

式中，V 为样品体积，K 为与探测线圈结构、振动频率和振幅、样品尺寸及相对位置有关的比例系数，M_s 为样品的饱和磁化强度。将磁矩除以样品体积或质量，就得出该样品的体积磁化强度或质量磁化强度。用一已知 M_s 和 V_0 或 m_0 的标准样品定标后，样品的 M_s 只与 V 或 m 有关。

$$M_s = \frac{\varepsilon}{\varepsilon_0}\frac{V_0}{V}M_{s0} = \frac{\varepsilon}{\varepsilon_0}\frac{\mu_0}{V} \tag{2-9}$$

$$\sigma_s = \frac{\varepsilon}{\varepsilon_0}\frac{m_0}{m}\sigma_{s0} \tag{2-10}$$

σ_s 为质量磁化强度。标准样品一般选择镍球，Ni 的 M_s 为 485.6 k A·m 或 σ_{s0} = 54.39 Gs·cm^2·g。如果把高斯计的输出信号和感生电压分别输入 X-Y 记录仪的两端，就可得到样品的磁滞回线。振动样品磁强计的探测线圈测到的感应电压是很小的，一般为 10^{-6} ～ 10^{-4} V，这是个很弱的信号，目前对这种小讯号的测量最好的方法是采用锁相放大器，锁相放大器是成品仪器，它能在较大噪音讯号下检测出微弱信号来，锁相放大器的工作原理实际上采用了相关原理，噪音讯号虽然大于被测讯号，但它和被测讯号是无关的，经过长期积分平均为零，检测到的是被测讯号。

2.3.2 实验测试条件与目的

利用测试手段对于所制备的 $BiFeO_3$ 样品进行结构和性能分析。

（1）XRD 测试：XRD 实验测试时选取 20° ～ 70° 衍射角范围内峰位无遗漏的图谱。根据所测得的 XRD 图谱信息，可以确定所制备的样品的物相组成，进而确定它所属的空间群，并且能够判断样品是否存在杂相，进而判断样品是否存在晶格畸变等。

（2）Raman 测试：Raman 实验测试时选取 100 ～ 900 cm^{-1} 波数范围进行测试。根据所测得的 Raman 光谱信息，可以确定所制备的样品的结合键的振动信息，进而判断制备工艺、元素掺杂等对样品分子键振动的影响。

（3）XPS 测试：XPS 实验测试确定样品中元素的成分、价态、不同元素的具体含量。

（4）正电子测试：采用快 - 快符合正电子测试系统对样品的空位缺陷信息进行探测；样品与源采用三明治的结构进行测试，对获得的谱图进行解谱，得到正电子湮没的寿命和强度的参量。

（5）SEM 测试：通过电子显微镜检测样品的各种物相性质来分析样品的微观形貌、结晶情况，从而获得所测样品的各种信息。扫描电子显微镜的最大放大倍数是 20 万倍左右，SEM 测试的原理是扫描电镜通过高能电子束来激发样品的各种物理性质，然后收集处理这些信息，放大显示成像，得到样品形貌特征。

（6）介电、铁电测试：在介电测试实验中，测量 BFO 的介电常数的测试的频率范围为 40 Hz ～ 10 MHz，对测量的数据进行分析处理，从而测得 BFO 的介电频谱和损耗频率谱。介电常数就是指样品材料与电场之间的相互作用，而作用过程中所损耗的能量，用损耗角的正切表示材料的相对“损耗”。测得实验数据后用 origin 软件作出不同的元素掺杂下的频率图谱。

（7）PPMS 测试：磁学性能的测试通常是研究磁性材料的一个重要的过程，通过对 BFO 样品的测试得到一系列的数据，然后进行数据处理，得到 M-H 曲线和 M-T 曲线，以此对样品的磁学性能进行研究。测量系统具有很高的灵敏性，在测量样品的磁性时，将适合尺寸的样品放入系统中的均匀磁场中，此时样品作为一个磁偶极子，样品在磁场中小振幅地快速振动时就能通过线圈的磁感应电流获得磁化强度。通过磁化曲线和磁温曲线可以判断样品是否呈现铁磁性或反铁磁性。

2.3.3 样品测试准备

对所制备的陶瓷样品进行结构与物性测试之前，根据测试要求，需要对烧结完成的样品进行测试准备工作。

（1）XRD 测试准备：将每组样品取出一片，用酒精擦拭干净的钳子将其一分为二，其中一半碾碎成粉末状，用称量纸包好放入样品袋内，做好标记，以备 XRD 测试。

（2）Raman 测试准备：将每组样品取出一片，用砂纸把表面打磨，用称量纸包好放入样品袋内，做好标记，以备 Ranman 测试。

（3）XPS 测试准备：将每组样品取出一片，用工具把样品制成直径 1 ～ 2 mm 大小的颗粒，用称量纸包好放入样品袋内，做好标记，以备 XPS 测试。

（4）正电子测试：将每组样品取出两片，用酒精擦拭干净，用称量纸包好放入样品袋内，做好标记，以备 XPS 测试。

（5）SEM 测试准备：将每组样品取出一片，用钳子剪下四方的小块，保证表面呈现的是片状样品的内部，挑选出两块四周全是断面类似正方体的方块作为 SEM 测试样品，放入标记好的样品袋，以备微观结构分析。

（6）PPMS 测试准备：磁性能测试，确保样品大小为 6 ～ 9 mg，以便进行磁性测试。

（7）介电、铁电测试准备：每组样品分别取出较好的一片，两面均匀涂上高温银浆，再进行烧结，并且保证样品上下两面不导电，从而测出介电、铁电实验数据。

第三章 铁酸铋多铁材料的结构与性能的研究

3.1 烧结气氛对铁酸铋陶瓷微结构和电学性能的影响

3.1.1 实验

以高纯试剂 Bi_2O_3（99.999%）、Fe_2O_3（99.99%）为原料，采用固相反应法结合快速液相烧结技术在不同烧结气氛下（N_2、空气、O_2）制备了 $BiFeO_3$（BFO）多晶陶瓷样品，探讨了烧结气氛对 BFO 微结构和物理性能的影响。各组样品按照化学计量比称量（为了补偿 Bi 的挥发，Bi3% 过量），利用无水乙醇溶液作媒介，手工研磨 6 h 使氧化物充分均匀混合，在烘箱内 150 ℃下烘烤 12 h，然后在约 10 MPa 压力下将各组分的粉体干压成直径为 11 mm，厚度为 1.6 mm 的圆片样品，最后在不同气氛的管式炉内于 865 ℃烧结 30 min，然后迅速取出冷却至室温，得到 BFO 系列陶瓷样品。将烧结好的样品用细砂磨去表面的氧化层并用酒精清洗干净，而后焙上银胶作电极，以供样品电性能测试。

采用 D8 Advance 型 X 射线衍射仪对样品的晶体结构进行表征。采用 PHI Quantera SXM 系统进行 X 射线光电子能分析，得到元素的成分、价态与含量。样品的形貌采用 FEI Quanta200 型扫描电子显微镜进行表征。采用安捷伦 4294A 精密阻抗分析仪进行介电性能测试，测试频率范围为 1 kHz～1 MHz。

利用 RT6000 型铁电仪进行铁电性能、漏电流的测量。

3.1.2 实验结果与讨论

图 3-1 为不同烧结气氛下制备的 BFO 陶瓷样品的 XRD 图谱。由图可见，不同烧结气氛下制备样品的衍射峰的强度较高、峰形尖锐，表明所有样品结晶良好；对比各图发现，N_2 中烧结样品的衍射锋最为尖锐、半峰宽最小，说明 N_2 中烧结有利于提高样品的结晶性；经检索，所制备样品均为菱方钙钛矿多晶结构。同时在 28° 附近所有样品均存在由于 Bi 挥发引起的 $Bi_2Fe_4O_9$、$Bi_{24}FeO_{40}$ 等杂相，但对比发现，N_2 中烧结的样品的杂相峰强度最低，说明 N_2 中烧结有助于减少杂相的生成，其原因可能是 N_2 中烧结形成的氧空位补偿了 Bi 挥发形成的 Bi 空位，有助于相对纯相样品的制备。

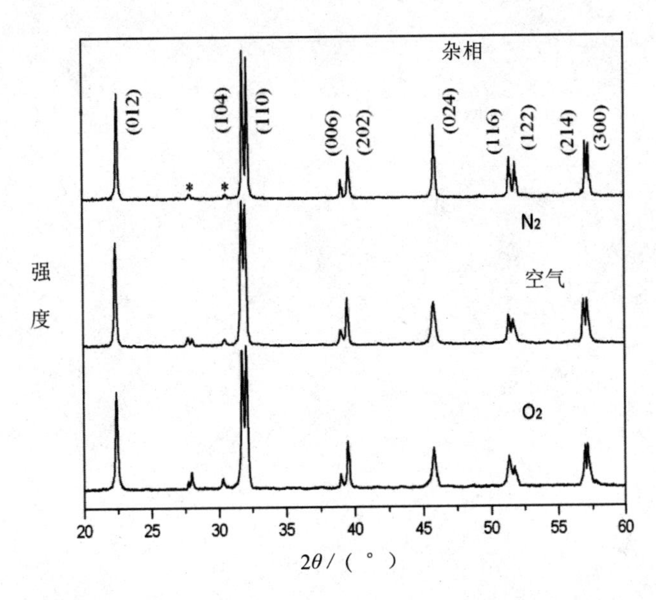

图 3-1　N_2、空气、O_2 气氛下制备的 BFO 样品的 XRD 图谱

由于 Fe^{2+} 和氧空位对 BFO 材料的电学与磁学性能具有较大的影响，采用 X 射线光电子能谱（XPS）对不同烧结气氛下制备样品中的 Fe^{2+} 和氧空位含量进行了分析。图 3-2 为不同烧结气氛下制备的 BFO 陶瓷样品的 Fe $2p_{3/2}$ XPS 图谱。由图可见，谱峰不具有中心对称性，表明制备的材料中含有多

种价态的铁离子。经软件解析，所有样品的 Fe $2p_{3/2}$ 峰可以分解成两个峰，其中位于约709.4 eV 的峰与 Fe^{2+} 相对应，位于约710.8 eV 的峰与 Fe^{3+} 相对应。通过峰面积的比值可以计算得到 Fe^{2+} 含量，经计算得到 N_2、空气和 O_2 气氛下烧结的样品的 Fe^{2+} 含量分别为31.5%、44.6%和46.3%。可以发现 Fe^{2+} 含量随烧结气氛中氧气含量的增加而增加。图3-3为不同烧结气氛下制备的BFO陶瓷样品的O1s XPS图谱。经软件解析，所有样品的O1s峰同样可以分解成两个峰，其中位于约529.6 eV 的 O_1 峰对应BFO晶格中的氧，位于约531.1 eV 的 O_2 峰与样品中氧空位有关。通过峰面积比值计算得到，N_2、空气和 O_2 气氛下烧结样品的氧空位含量分别为0.33、0.24和0.20。这表明样品中氧空位的含量随烧结气氛中氧气含量的增加而减少。由XPS测试结果可以发现，N_2 中烧结的样品含有较少的 Fe^{2+} 和较多的氧空位。

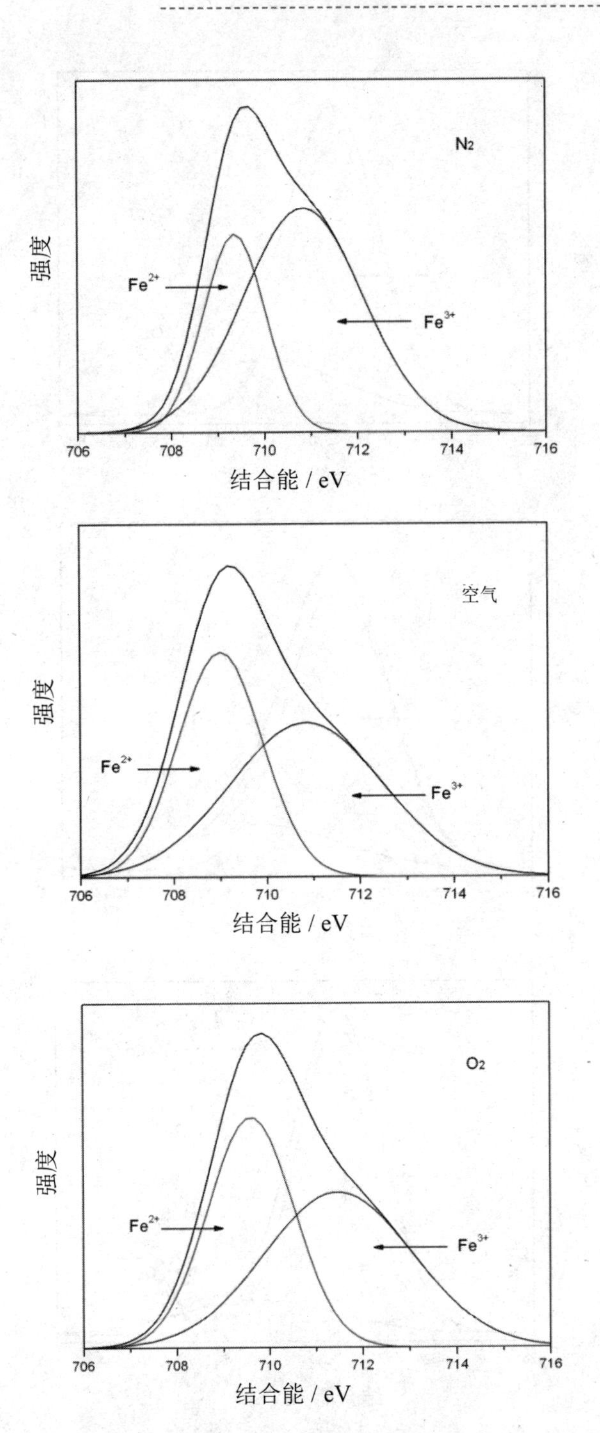

图 3-2 N_2、空气、O_2 气氛下制备的 BFO 样品的 Fe $2p_{3/2}$ XPS 图谱

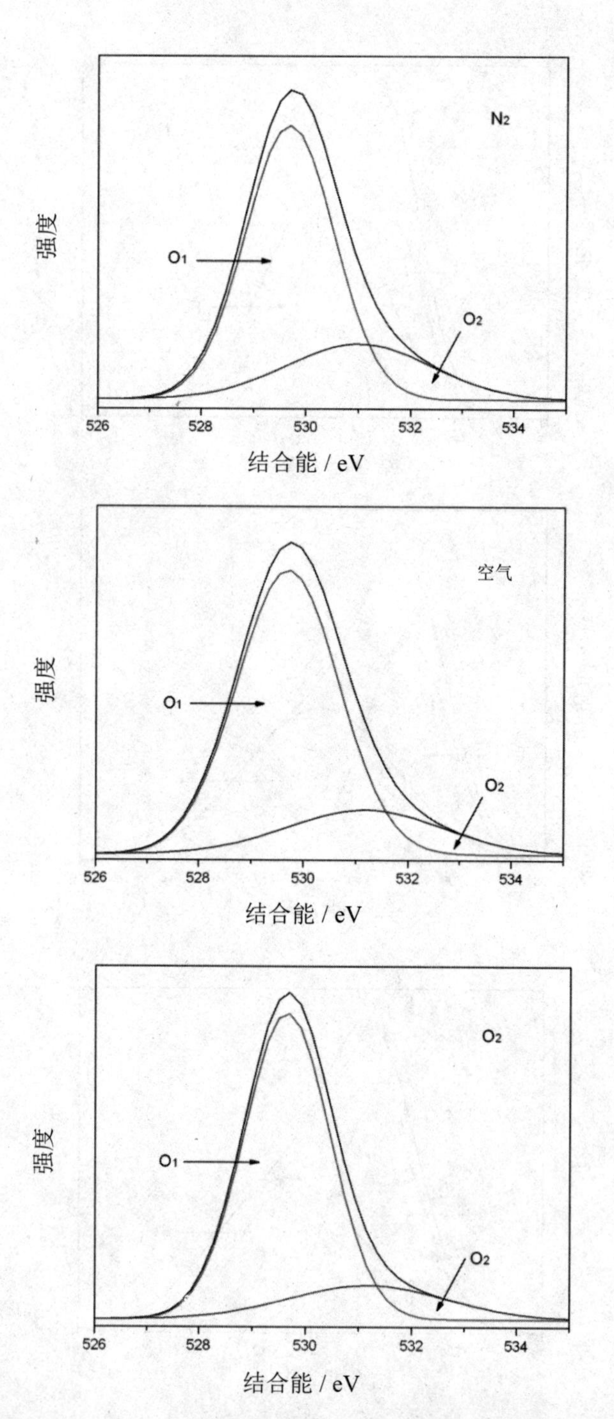

图 3-3 N_2、空气、O_2 气氛下制备的 BFO 样品的 O 1s XPS 图谱

图3-4为不同气氛下制备的BFO样品的SEM形貌图。可以明显地看出，所有样品的晶粒比较清晰、生长良好。空气、O_2气氛下制备的BFO样品晶粒尺度相对较小、空洞较多，致密度较差。N_2中烧结的样品具有较大的、链接良好的晶粒，具有较高的致密度。这可能与N_2中烧结样品中具有较多的氧空位有关，氧空位的存在有助于氧离子的扩散，进而有利于晶粒生长。N_2中烧结样品的微观形貌有助于减小漏电流、提高样品的极化性能。

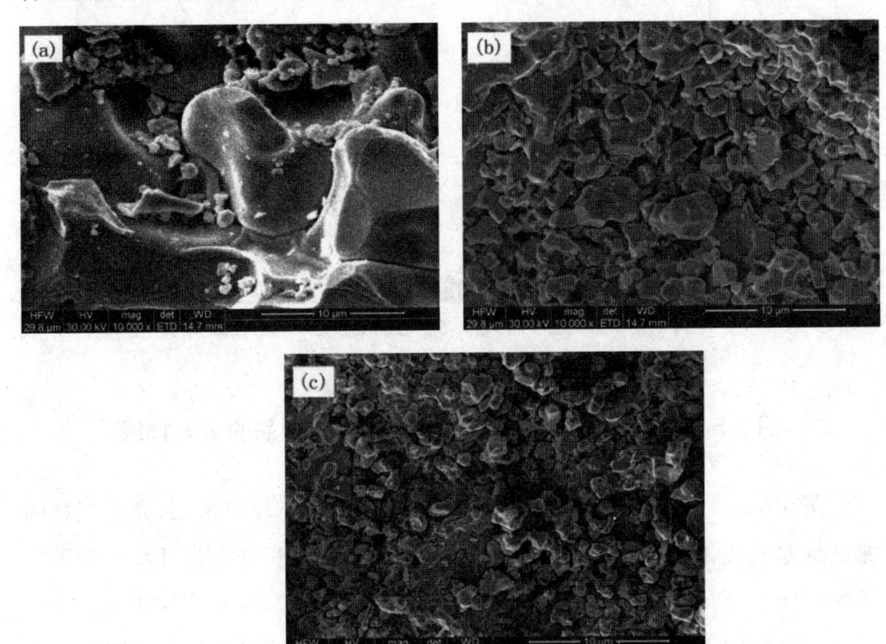

图3-4 N_2、空气、O_2气氛下制备的BFO样品的SEM形貌图

图3-5为室温不同气氛下制备的BFO样品的*J-E*曲线图。由图看出，N_2、空气、O_2气氛下制备的BFO样品的*J-E*曲线在正负电场下具有较好的对称性。在相同的测试电场下，N_2中烧结的样品漏电流最小，O_2中烧结的样品漏电流最大，说明烧结气氛对BFO陶瓷的电阻率具有重要影响，这会影响材料的介电、铁电性能。对于BFO基多铁材料而言，其漏电流主要由高温烧结过程中Bi挥发引起的氧空位和Fe离子价态波动(Fe^{3+}转变为Fe^{2+})引起的。结合XPS分析可知，N_2中烧结的样品氧空位最多、Fe^{2+}含量最少，但其漏电流却最小，这表明Fe^{2+}含量是影响BFO漏电流的主要原因。

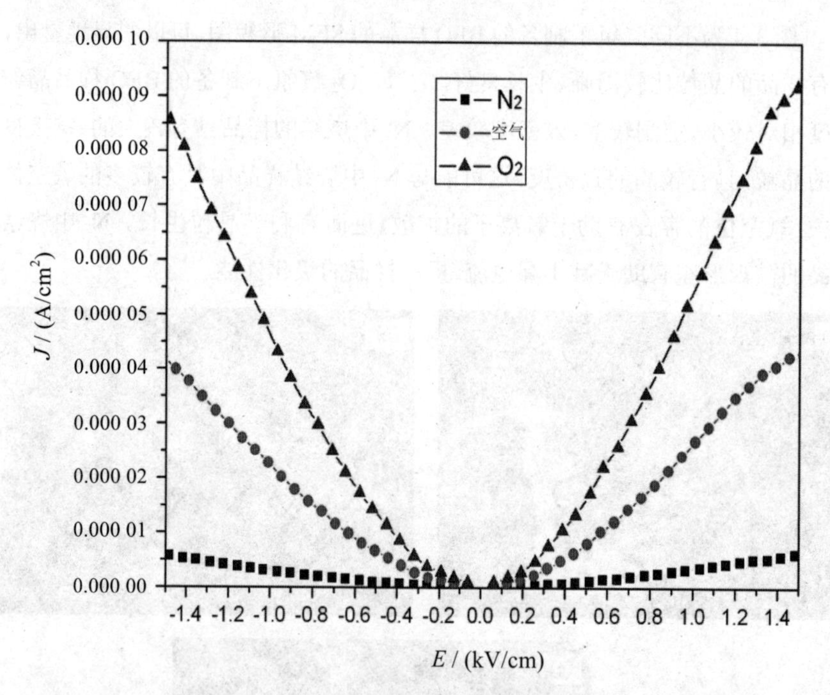

图 3-5 N_2、空气、O_2 气氛下制备的 BFO 样品的 *J*–*E* 曲线

图 3-6 (a)、(b) 分别为不同气氛下烧结的样品的介电常数、介电损耗随测试频率的变化图。图中所示，所有样品的介电常数和介电损耗均随频率的增加而减小，当频率超过 10 kHz 后几乎保持不变。该现象与空间电荷极化相关。低频段，空间电荷的极化、离子位移极化、电子位移极化等能够跟得上测试频率的变化，对介电常数均有贡献，而高频段，空间电荷的极化逐渐跟不上测试频率的变化，所以介电常数和介电损耗均随频率的增加而减小。由图 3-6 可知，在相同的测试频率下，N_2 中烧结样品的介电常数最大、损耗最小，说明 N_2 中烧结有助于提高 BFO 的介电性能。介电性能的变化与样品中漏电流和 Fe^{2+} 含量有关。一方面，较大的漏电流使 BFO 的电阻率降低，介电常数较小；另一方面，由于 BFO 是一种位移型铁电体，其自发极化源自铁氧八面体中三价铁离子沿三方钙钛矿的对角线方向的移动，使正负电荷中心产生相对位移进而形成电偶极矩产生自发极化。因 Fe^{2+} 半径比 Fe^{3+} 大，在氧八面体中，Fe^{2+} 偶极运动空间比 Fe^{3+} 要小，形成的离子位移极化值就会变小。N_2 中烧结的样品中的漏电流最小、Fe^{2+} 最少，所以其介电常数最大。因漏电流是 BFO

产生介电损耗的主要原因，所以 N_2 中烧结的样品的介电损耗最小。

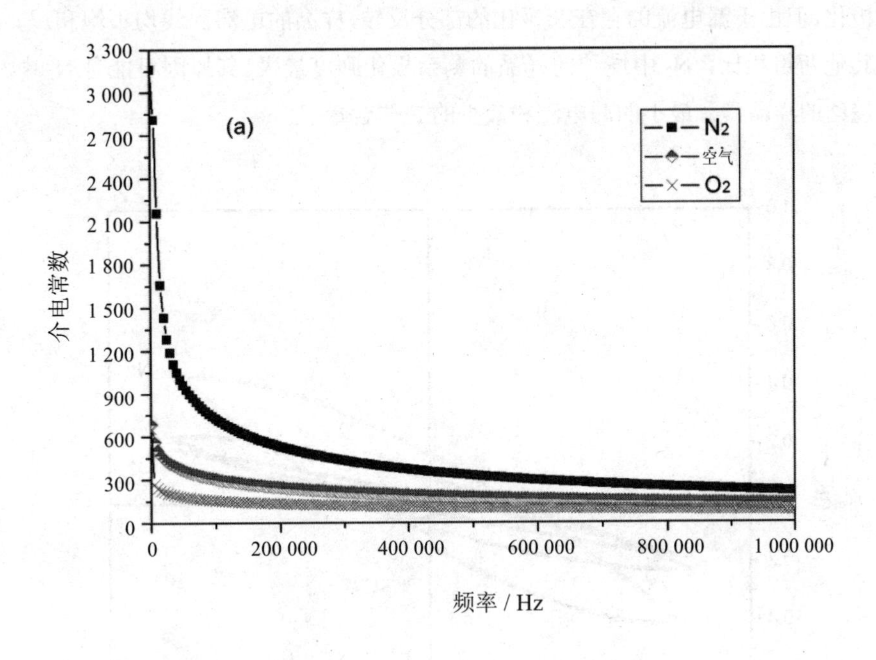

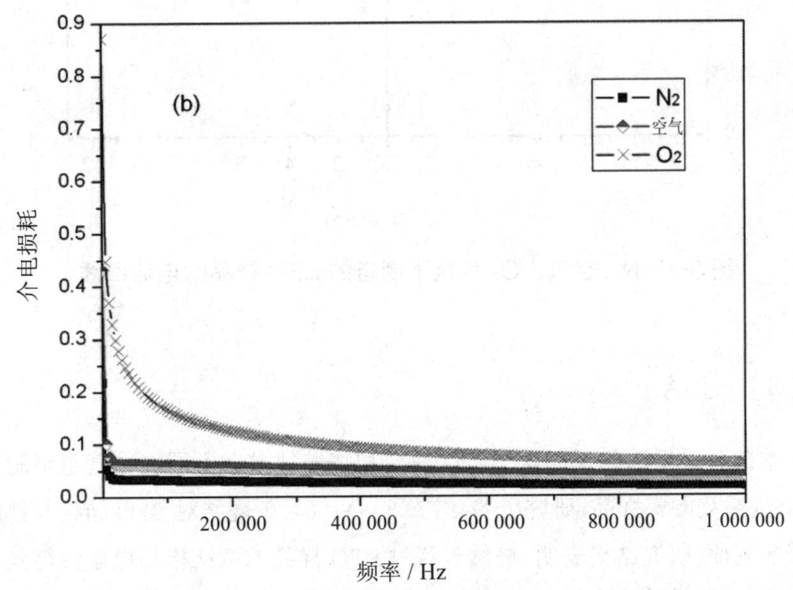

图 3-6　不同气氛下制备的 BFO 样品的介电常数（a）、介电损耗（b）随测试频率的变化图

图 3-7 为不同气氛下制备的样品的电滞回线。所有样品均存在自发铁电极化，但由于漏电流的存在和极化的部分反转，样品的电滞回线均不饱和。与其他两组相比，N_2 中烧结的样品的剩余极化强度最大。其原因可能是 N_2 中烧结的样品具有最小的漏电流和最少的 Fe^{2+} 含量。

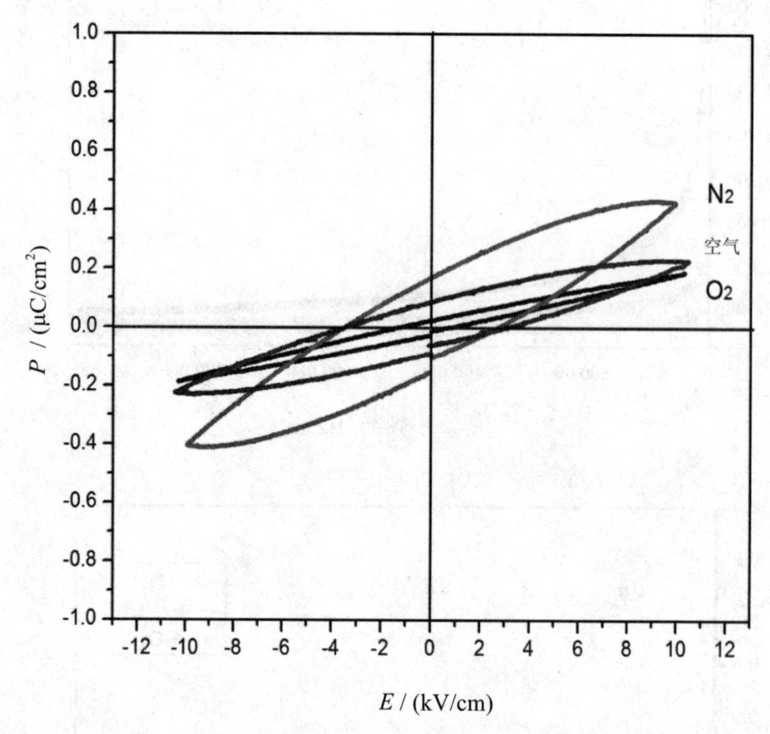

图 3-7 N_2、空气、O_2 气氛下制备的 BFO 样品的电滞回线

3.1.3 小结

本部分采用固相反应法结合快速液相烧结技术在不同烧结气氛下制备了 BFO 系列陶瓷样品，研究了 N_2、空气和 O_2 气氛下烧结对 BFO 结构与性能的影响规律。研究结果表明，烧结气氛对 BFO 样品的微结构和电学性能具有重要影响。结构与电学性能测试表明，N_2 中烧结有助于提高样品的结晶度、消除杂相，同时 N_2 中烧结的样品具有较少的 Fe^{2+} 和较多的氧空位，因此能有效地减小 BFO 的漏电流和介电损耗，并提高其介电常数、铁电性。结构与性

能的关联研究发现，Fe^{2+} 含量是影响 BFO 漏电流的主要原因。

3.2 烧结温度对 $Bi_{0.85}Eu_{0.15}FeO_3$ 样品微结构与电磁性能的影响

3.2.1 实验

以高纯试剂 Bi_2O_3（99.999%）、Eu_2O_3（99.999%）和 Fe_2O_3（99.99%）为原料，采用固相反应法结合快速液相烧结技术在空气气氛下制备了 $Bi_{0.85}Eu_{0.15}FeO_3$ 多晶陶瓷样品，探讨了烧结温度对 $Bi_{0.85}Eu_{0.15}FeO_3$ 微结构和物理性能的影响。利用无水乙醇溶液作媒介，手工研磨 6 h 使氧化物充分均匀混合，在烘箱内 150℃下烘烤 12 h，然后在约 10 MPa 压力下将各组分的粉体干压成直径为 1 mm、厚度为 1.6 mm 的圆片样品，最后在管式炉内分别于 850 ℃、870 ℃和 890 ℃下烧结 30 min，然后迅速取出冷却至室温，得到 $Bi_{0.85}Eu_{0.15}FeO_3$ 系列陶瓷样品。将烧结好的样品用细砂磨去表面的氧化层并用酒精清洗干净，而后焙上银胶作电极，以供样品电性能测试。

采用 D8 Advance 型 X 射线衍射仪对样品的晶体结构进行表征。样品的形貌采用 FEI Quanta200 型扫描电子显微镜进行表征。采用安捷伦 4294A 精密阻抗分析仪进行介电性能测试，测试频率范围为 1 kHz ～ 1 MHz。利用 RT6000 型铁电仪进行漏电流的测量。样品的磁学性能采用 Quantum Design 型 MPMS 进行测量。

3.2.2 实验结果与讨论

研究元素掺杂浓度对 BFO 结构和物性的影响时，应该考虑掺杂元素浓度变化时其最佳烧结温度也不同。为此，我们研究了烧结温度 (850 ℃、870 ℃和 890 ℃) 对 $Bi_{0.85}Eu_{0.15}FeO_3$ 陶瓷微结构和电磁性能的影响。

图 3-8 为 BFO 及不同烧结温度下制备的 $Bi_{0.85}Eu_{0.15}FeO_3$ 样品的 XRD 图

谱。由图看出，不同烧结温度下制备的样品结晶良好，且 $Bi_{0.85}Eu_{0.15}FeO_3$ 样品中未出现 Eu_2O_3 的衍射峰，表明 Eu^{3+} 进入了 BFO 相应的晶格位置。经检索，BFO 为菱方结构，而 $Bi_{0.85}Eu_{0.15}FeO_3$ 为正交结构，表明 Eu 掺杂量为 0.15 时导致了结构相变。未掺杂 BFO 中存在由于 Bi 挥发形成的 $Bi_2Fe_4O_9$ 等杂相，850 °C 和 870 °C 下烧结的 $Bi_{0.85}Eu_{0.15}FeO_3$ 样品为单相结构，表明 Eu 掺杂能抑制杂相生成，但烧结温度为 890 °C 时，28° 附近又出现了杂相峰，可能是该温度下出现了较多 Bi 挥发所致。同时发现，衍射峰半高宽随烧结温度的升高而变小，表明较高的烧结温度有助于结晶度提高和晶粒生长。

图 3-9 给出了不同烧结温度下制备的 $Bi_{0.85}Eu_{0.15}FeO_3$ 样品的 SEM 形貌图。图中，850 °C 烧结的 $Bi_{0.85}Eu_{0.15}FeO_3$ 样品晶粒较小、孔洞较多。870 °C 时，晶粒尺寸增大、孔洞减少、致密度提高。890 °C 时，晶粒尺寸迅速增大，但孔洞也急剧变大，孔洞的增大可能是该温度下出现了较多的 Bi 挥发引起的。SEM 测试表明样品的微观结构对烧结温度十分敏感，合适的烧结温度有助于改善 BFO 基多铁材料的微观结构。

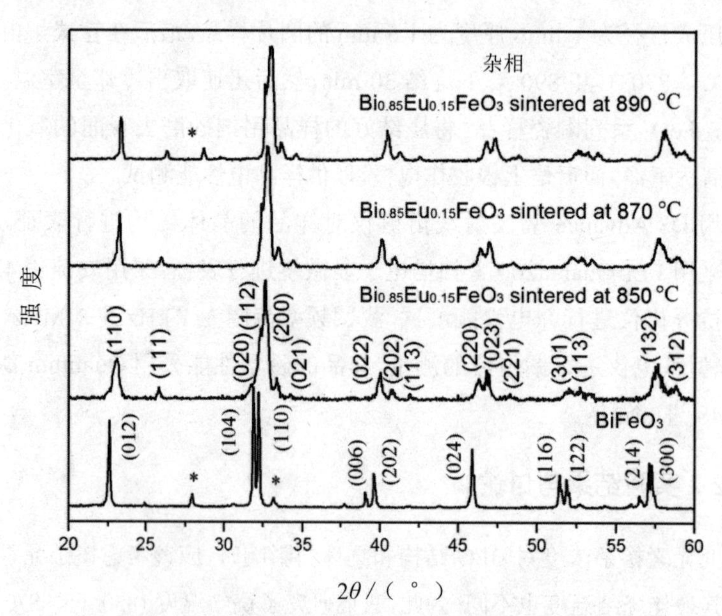

图 3-8 BFO 和不同烧结温度下制备的 $Bi_{0.85}Eu_{0.15}FeO_3$ 样品的 XRD 图谱

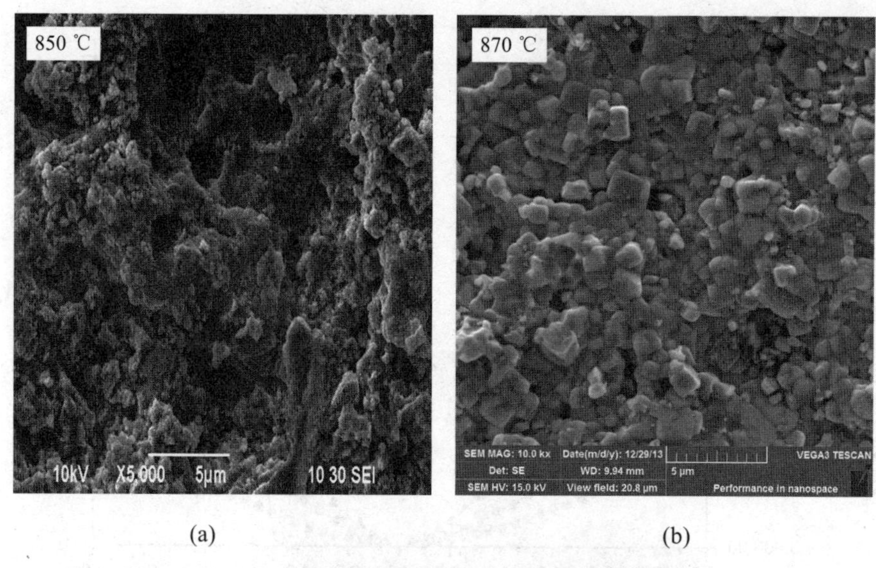

(a) (b)

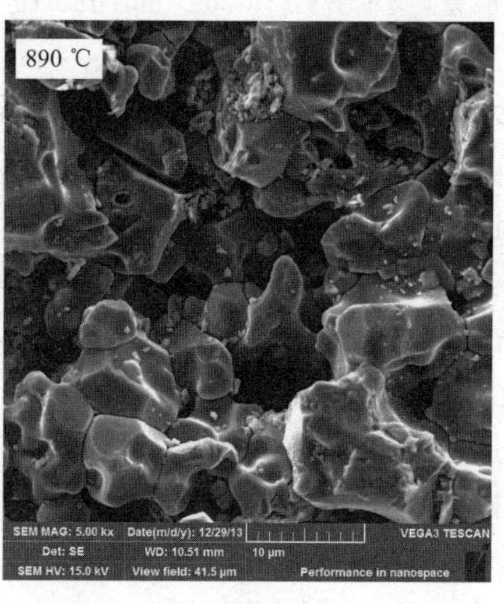

(c)

图 3-9 不同烧结温度下制备的 $Bi_{0.85}Eu_{0.15}FeO_3$ 样品的 SEM 形貌图

图 3-10 为不同烧结温度下制备的 $Bi_{0.85}Eu_{0.15}FeO_3$ 样品的 *J-E* 曲线。相同测试电场下，温度由 850 °C 增加到 870 °C 时，漏电流减小，其原因可能与 870 °C 下烧结的样品的晶粒尺寸增大和晶界减少有关；温度由 870 °C 增加到 890 °C 时，漏电流增加，这可能是较高的烧结温度促使杂相生成引起的。

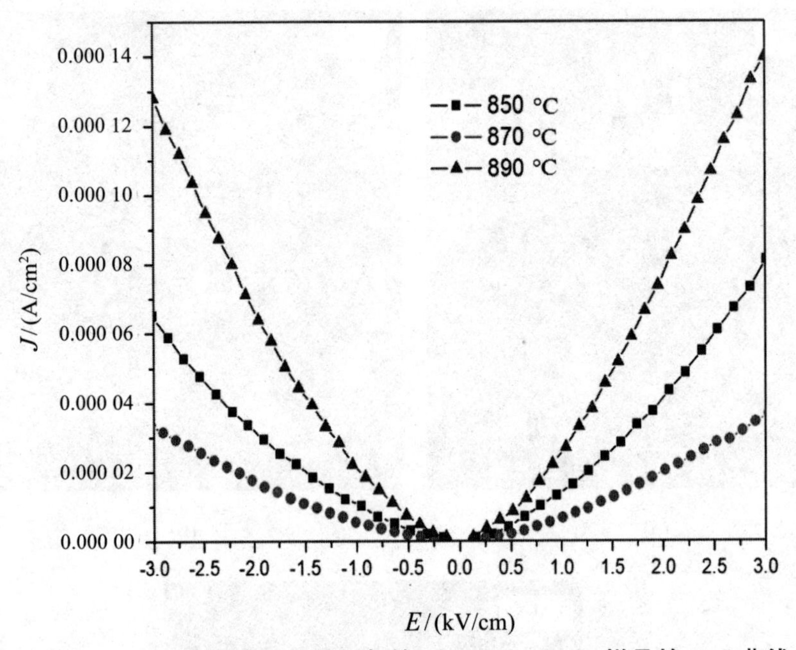

图 3-10 不同烧结温度下制备的 $Bi_{0.85}Eu_{0.15}FeO_3$ 样品的 J–E 曲线

图 3-11 给出了不同烧结温度下制备的 $Bi_{0.85}Eu_{0.15}FeO_3$ 样品的介电常数随频率的变化曲线。870 °C 烧结的样品在高频下具有最大的介电常数，且频率稳定性最好，这与该温度下烧结的样品具有较小的漏电流、较好的结晶性和微观结构有关；890 °C 烧结的样品低频下介电常数最大，而高频下最小，这可能是由于该温度下烧结造成 BFO 部分分解，引起了较多的杂相、氧空位和 Fe^{2+}，形成了较多的空间电荷极化。图 3-12 为不同烧结温度下制备的 $Bi_{0.85}Eu_{0.15}FeO_3$ 样品的介电损耗随测试频率的变化图。烧结温度为 870 °C 时，样品的介电损耗最小、频率稳定性最好，这与该温度下样品具有较小的漏电流、较大的晶粒、较好的微观结构密切相关。烧结温度为 890 °C 时，样品的介电损耗最大，这可能与该温度下较大的漏电流密度有关。

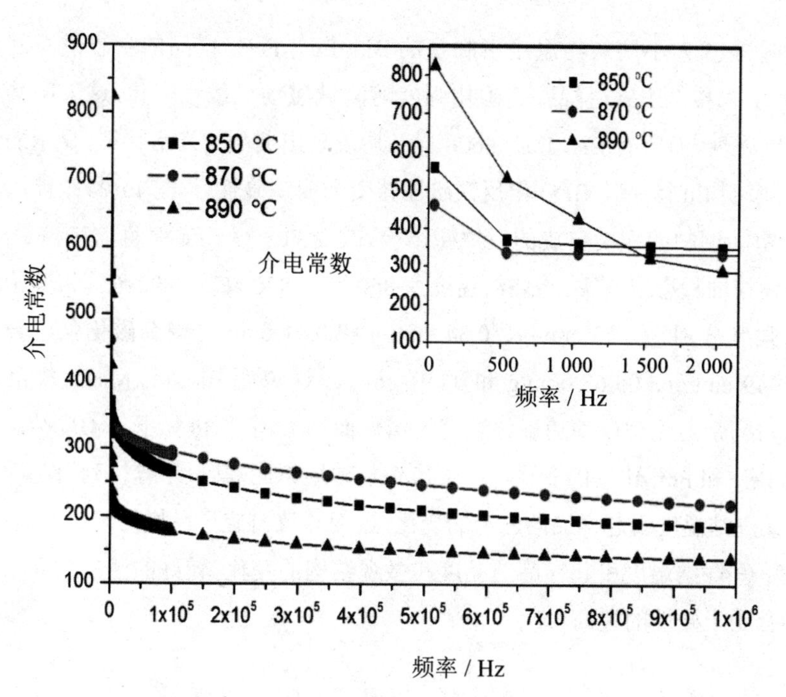

图 3-11 不同烧结温度下制备的 $Bi_{0.85}Eu_{0.15}FeO_3$ 样品的介电常数 – 频谱曲线

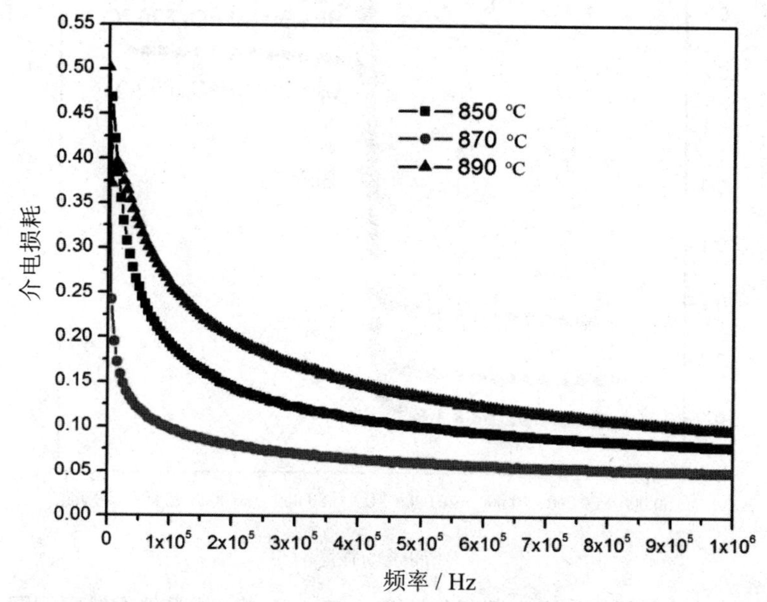

图 3-12 不同烧结温度下制备的 $Bi_{0.85}Eu_{0.15}FeO_3$ 样品的介电损耗 – 频谱曲线

图 3-13 为不同烧结温度下制备的 $Bi_{0.85}Eu_{0.15}FeO_3$ 样品的室温磁滞回线图。对于未掺杂 BFO 样品，其磁化强度随测试磁场呈线性变化，这表明其具有反铁磁性，而所有 $Bi_{0.85}Eu_{0.15}FeO_3$ 样品均表现出典型的滞后特征，显示弱铁磁性，表明 Eu 掺杂使 BFO 由反铁磁性转变为弱铁磁性，这与 Eu 掺杂能破坏 BFO 空间调制的螺旋自旋的反铁磁结构、改变 Fe—O—Fe 键角、影响 Fe—O 八面体扭曲程度等有关。当烧结温度为 850 °C、870 °C 和 890 °C 时，其饱和磁化强度分别为 0.23 emu/g、0.34 emu/g 和 0.41 emu/g，剩余磁化强度分别为 0.049 emu/g、0.062 emu/g 和 0.091 emu/g。这说明 $Bi_{0.85}Eu_{0.15}FeO_3$ 样品的饱和与剩余磁化强度均随烧结温度的增加而增大，其原因如下：①烧结温度引起 Fe^{3+} 和 Fe^{2+} 比率的变化，Fe^{3+} 和 Fe^{2+} 磁矩不同，其反平行排列引起净磁矩；②烧结温度引起样品的应力的变化，进而导致自旋子晶格的倾斜，引起铁磁性；③烧结温度引起样品结晶度和微观结构的变化，较好的洁净度和微观结构有利于磁性的提高。

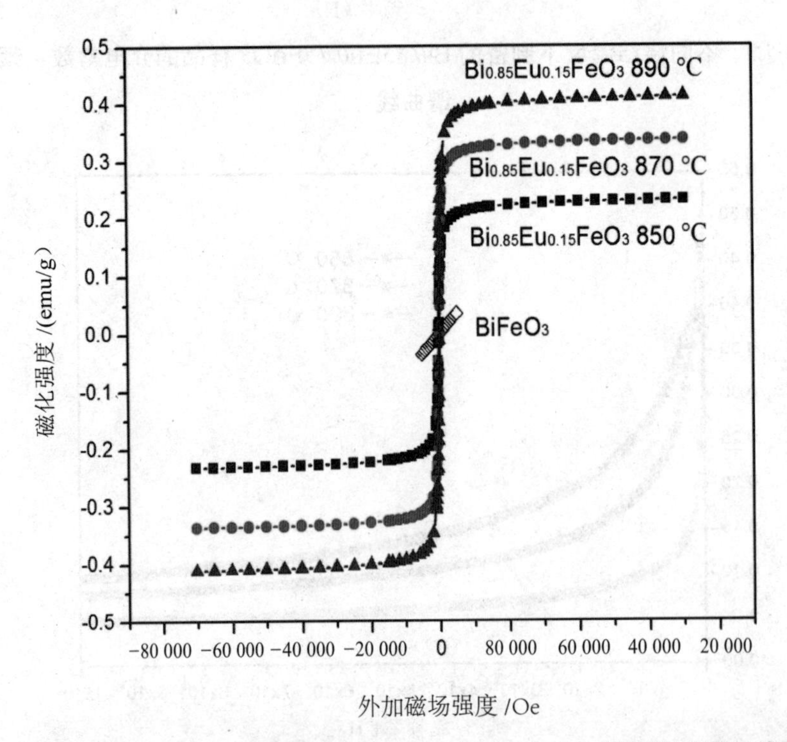

图 3-13 不同烧结温度下制备的 $Bi_{0.85}Eu_{0.15}FeO_3$ 样品的磁滞回线图

3.2.3 小结

采用固相反应法结合快速液相烧结技术制备了 $Bi_{0.85}Eu_{0.15}FeO_3$ 样品，研究了烧结温度对 $Bi_{0.85}Eu_{0.15}FeO_3$ 的结构和性能的影响，得到样品的结构与性能随烧结温度的变化规律。850 °C、870 °C 下制备的样品具有单相结构，而 890 °C 下制备的样品再次出现杂相；烧结温度的提高有助于提高样品的结晶性、增大晶粒尺寸，其中 870 °C 制备的样品的致密度最好；电磁性能测试表明，870 °C 烧结的样品由于具有较好的晶体结构和微观形貌，其电学性能最优，不同烧结温度下制备的 $Bi_{0.85}Eu_{0.15}FeO_3$ 样品均具有弱铁磁性，890 °C 时磁性最佳，这与材料中 Fe^{2+} 含量、应力、结晶度和微观结构的变化有关。

3.3 Eu 掺杂对铁酸铋结构与性能的影响研究

3.3.1 实验

以高纯度 Bi_2O_3 (99.999%，质量分数，下同)、Fe_2O_3 (99.99%) 和 Eu_2O_3 (99.999%) 为原料，采用固相反应法结合快速液相烧结技术制备 $Bi_{1-x}Eu_xFeO_3$ 系列陶瓷样品。各组分按照化学计量比称量（为了补偿 Bi 的挥发，Bi3% 过量），利用无水乙醇溶液作媒介，手工研磨 6 h，在烘箱内 150 ℃下烘 12 h，然后在约 10 MPa 压力下将各组分的粉体干压成直径为 11 mm，厚度为 1.5 mm 的圆片样品，最后在管式炉内 850 ～ 880 ℃烧结 20 min，然后迅速取出冷却至室温，得到 $Bi_{1-x}Eu_xFeO_3$ 系列陶瓷样品。将烧结好的样品用细砂纸磨去表面的氧化层并用酒精清洗干净，而后焙上银胶作电极，以供样品电性能测试。

采用 Bruke D8 型 X 射线衍射仪（X-ray diffraction，XRD）对样品的晶体结构进行测试。采用 Renishaw 公司生产的 inVia 型拉曼光谱仪进行拉曼光谱测试，波长为 541.5 nm。在室温下，采用 Agilent 4294 A 型精密阻抗分析仪测量样品的介电特性，测量频率范围为 100 Hz ～ 1 MHz，测量精度为 1%；采用 RT 6000 型铁电测试仪对样品的漏电流进行测试。

3.3.2 结果与讨论

图 3-14 所示为不同 Eu 替代量的 $Bi_{1-x}Eu_xFeO_3$ 陶瓷样品的 XRD 图谱。XRD 峰的强度表明所测样品均为多晶结构。经 XRD 软件检索，表明本实验中制得的未替代 $BiFeO_3$ 样品为菱方钙钛矿型结构，属于 R3c 空间群。由图可以看出，未替代 $BiFeO_3$ 的 XRD 图谱中存在 $Bi_2Fe_4O_9$、$Bi_{25}FeO_{40}$ 等杂相。Eu 替代后，随着 Eu 含量 x 的增加，样品中的 $Bi_2Fe_4O_9$、$Bi_{25}FeO_{40}$ 等杂相的衍射峰逐渐减弱，当 $x > 0.2$ 时杂相峰基本消失，这说明通过适量的 Eu 替代能有效地消除样品中 $Bi_2Fe_4O_9$、$Bi_{25}FeO_{40}$ 等杂相。与 $BiFeO_3$ 样品相比，$Bi_{0.9}Eu_{0.1}FeO_3$、$Bi_{0.85}Eu_{0.15}FeO_3$ 样品的特征衍射峰略微向大角度方向移动，这说明 $Bi_{0.85}Eu_{0.15}FeO_3$ 仍具有菱方钙钛矿型结构，只是由于 Eu 离子进入了 $BiFeO_3$ 的晶格位置，导致样品的结构发生了扭曲。当 $x \geqslant 0.20$ 时，经检索衍射峰与正交结构的衍射峰相吻合，这说明在 $x = 0.2$ 附近发生了菱方结构相向正交结构的相转变。发生这种转变的原因可能是由于 Eu^{3+} 的离子半径（1.07×10^{-10} m）比 Bi^{3+}（1.17×10^{-10} m）的小。

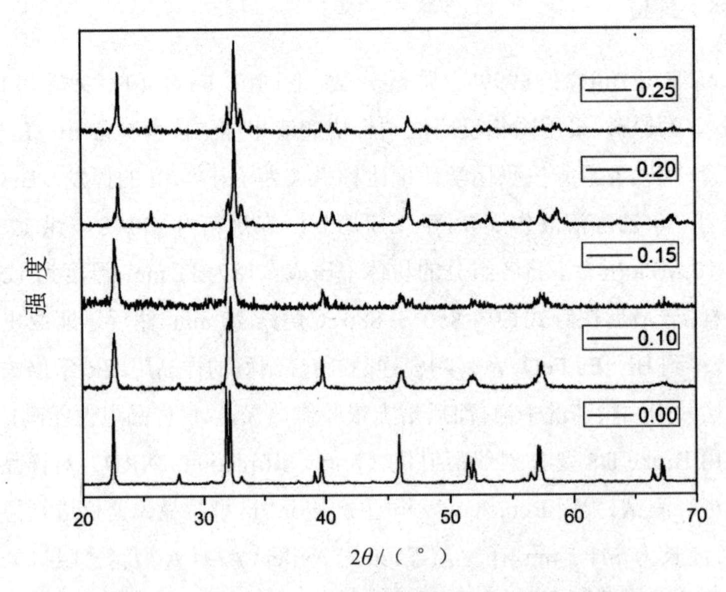

图 3-14 $Bi_{1-x}Eu_xFeO_3$ 的陶瓷样品的 XRD 图谱

Raman 光谱非常适合研究材料的微观特性，诸如结构 - 性能之间的关联、材料的局域信息等。据报道，R3c 菱方扭曲钙钛矿结构的 $BiFeO_3$ 的 Raman 活性模可表示为 $\Gamma=4A_1+9E$，其中有 11 个活性模在 100 和 700 cm^{-1} 之间。同时有数据显示室温下测量的 $BiFeO_3$ 陶瓷的 Raman 光谱，由于有的活性模的相对强度太弱，在 100 和 700 cm^{-1} 之间一般只能观察到 7 个活性模。

图 3-15 所示为 $Bi_{1-x}Eu_xFeO_3$ 样品在室温下的拉曼光谱图，扫描范围为 100 ～ 700 cm^{-1}。在未替代 $BiFeO_3$ 陶瓷样品中可观察到 7 个活性模，三个 A_1 模分别位于 135、165 和 213 cm^{-1} 附近，分别记为 A_1–1、A_1–2、A_1–3，其他四个峰均为 E 模，分别记为 E_1、E_2、E_3、E_4，模的位置与其他文献报道基本一致。A 模的强度比 E 模的强度要高。

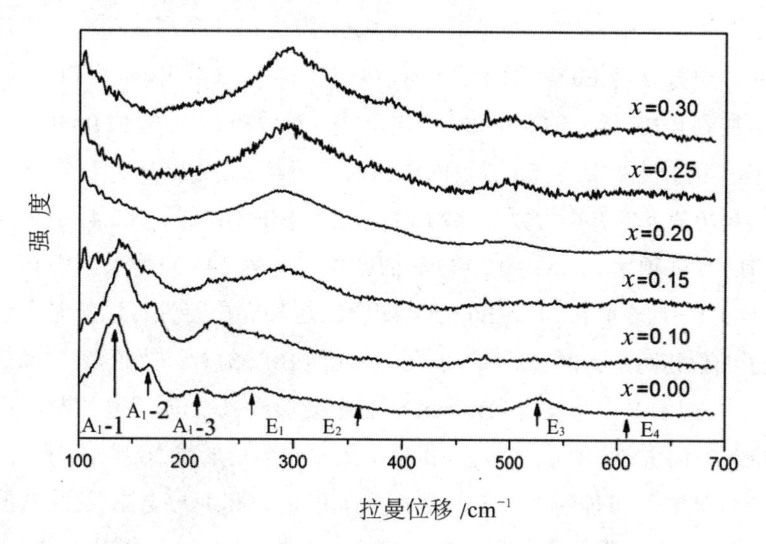

图 3-15　$Bi_{1-x}Eu_xFeO_3$ 样品室温下的拉曼光谱图

因为 Raman 光谱对原子替代比较敏感，Raman 活性峰的演化可以提供原子替代、结构转变和电极化的一些有价值的信息。研究表明 70 ～ 300 cm^{-1} 之间的 Raman 峰主要由 Bi—O 键的振动引起的，所以，在 70 ～ 300 cm^{-1} 之间存在 3 个较强的 A_1 模和一个中等强度的 E_1 模主要受 Bi—O 键的控制，它们与 $BiFeO_3$ 的铁电特征相关。由图 3-15 可以看出，Eu 元素的替代对 100 和 300 cm^{-1} 之间的 A_1 模和 E 模有较大的影响。当替代量增大到 0.15 时，A_1–1、A_1–2 和 A_1–3 模发生明显蓝移，模的强度发生了连续的、缓慢的变化。

在 $Bi_{1-x}Eu_xFeO_3$ 陶瓷中，Eu^{3+} 离子部分替代 Bi^{3+} 离子，Bi—O 将会部分被 Eu—O 取代，Bi 的孤对电子的立体化学活性将会改变。由于 Eu^{3+} 离子与 Bi^{3+} 离子相比，具有较小的半径和较轻的质量，Eu^{3+} 离子部分替代 Bi^{3+} 离子将会导致 Bi 的孤对电子的立体化学活性减弱，改变 Bi—O 键，最终影响系统的电极化。A 位离子无序一般会导致 Raman 活性模连续的、缓慢的改变。$Bi_{1-x}Eu_xFeO_3$ 陶瓷 Raman 光谱最明显的变化是，$x=0.20$ 时 A_1–2 模的消失。这种现象表明 $Bi_{1-x}Eu_xFeO_3$ 陶瓷样品在 $x=0.20$ 时发生了相结构的转变。这与 XRD 的分析结果一致。

为了研究 Eu 替代对 $Bi_{1-x}Eu_xFeO_3$ 陶瓷介电常数与介电损耗的影响，我们在几个选定的测试频率下对 $Bi_{1-x}Eu_xFeO_3$ 陶瓷介电常数与介电损耗进行了测试，图 3-16 和 3-17 分别是 $Bi_{1-x}Eu_xFeO_3$ 陶瓷在几个测试频率下的介电常数和介电损耗随 Eu 含量的变化图。从图 3-16 可以看出，随着 Eu 含量由 0.00 增加到 0.20，样品的介电常数急剧增加，然后当 Eu 含量由 0.20 增加到 0.30，样品的介电常数随 Eu 含量的增加而减小。特别是在 100 Hz 测试频率下，$x=0.20$ 样品的介电常数为 542.0，是未替代 $BiFeO_3$ 样品（63.4）的 8.5 倍；在 5 kHz 测试频率下，$x=0.20$ 样品的介电常数为 146.0，是未替代 $BiFeO_3$ 样品（43.2）的 3.4 倍。$Bi_{1-x}Eu_xFeO_3$ 陶瓷的这种介电特性可以从氧空位和 Fe 离子的位移两个方面去解释。对于未替代的 $BiFeO_3$ 样品来说，在样品的烧结过程中，由于 Bi^{3+} 挥发，在 $BiFeO_3$ 样品中会形成氧空位，钙钛矿材料中的氧空位起空间电荷的作用，在电场作用下的定向移动形成一定的电导；加上在氧空位处 Fe^{3+} 可能转变为 Fe^{2+} 而产生大的电导和漏导电流，使材料的电阻率降低，介电常数较小。当一定量的 Eu（$x\leqslant 0.20$）替代到 $BiFeO_3$ 中，一方面，由于 Eu^{3+} 的稳定性优于 Bi^{3+}，材料中的部分 Bi^{3+} 被 Eu^{3+} 替代后，会抑制 Bi^{3+} 的挥发，稳定 $BiFeO_3$ 的钙钛矿结构，使氧空位浓度降低，同时使氧空位处 Fe^{3+} 转变为 Fe^{2+} 产生的漏导电流减小，使材料的电阻率增加，介电常数增大，因此，当 x 由 0.00 增加到 0.20 时，样品的介电常数增加。由于 $BiFeO_3$ 是扭曲三角钙钛矿结构，属于 R3c 空间群，是一种位移型铁电体，它的自发极化主要来自铁氧八面体中三价铁离子沿三角钙钛矿的对角线方向移动，使正负电荷重心偏离，产生相对位移进而形成电偶极矩自发极化，因为 Eu^{3+} 的离子半径小于 Bi^{3+}，当 Eu^{3+} 部分替代 Bi^{3+} 时导致晶胞体积缩小，氧八面体出现扭曲，Fe^{3+} 沿 (111) 方向的偶极运动减弱，致使样品的介电常数随 Eu 含量的增加而减小。因此，当 Eu 的替代量大于 0.20 时，进一步替代使样品的介电常数减小。同时从图 3-16 可以看到，$x=0.10$、0.15、0.20、0.25 样品的介电常数对频率的依赖非常明显，但是 $x=0.30$ 样品的介电常数对频率的依赖比较小。这些结果对该材料的实际应用非常有意义。$Bi_{1-x}Eu_xFeO_3$ 陶瓷的介电常数和介电损耗随 Eu 含量的变化如图 3-17 所示。样品的介电损耗 $\tan\delta$ 随着 Eu 替代的增加显著减少，当 $x=0.30$ 时样品的介电损耗最小。在 5 kHz 测试频率下，$x=0.10$、0.15、0.20、0.25、0.30 样品的介电损耗 $\tan\delta$ 分别为 0.507、0.240、0.231、0.112、0.072，与未替代的 $BiFeO_3$ 陶瓷（1.010）相比，分别减少了 49.8%、76.2%、77.1%、88.9%、99.3%。另外，$x=0.25$、0.30 样品的介电损耗的频率依赖性比较小。

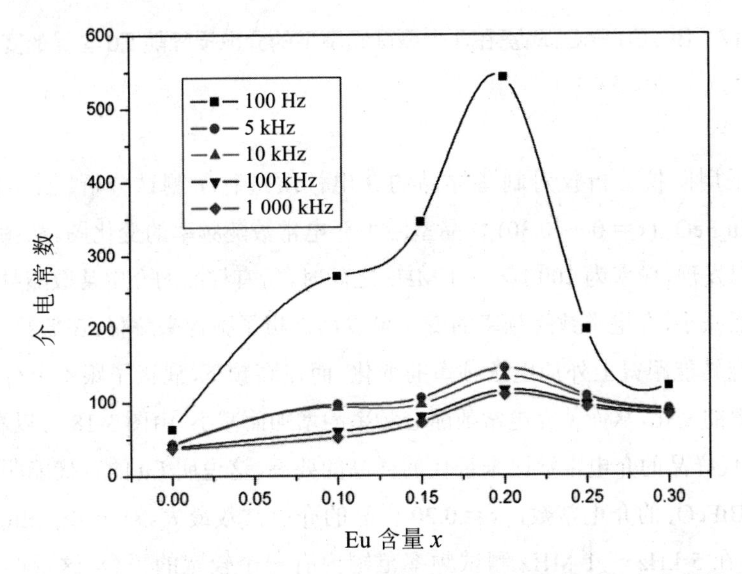

图 3-16 $Bi_{1-x}Eu_xFeO_3$ 陶瓷在几个测试频率下的介电常数随 Eu 含量的变化图

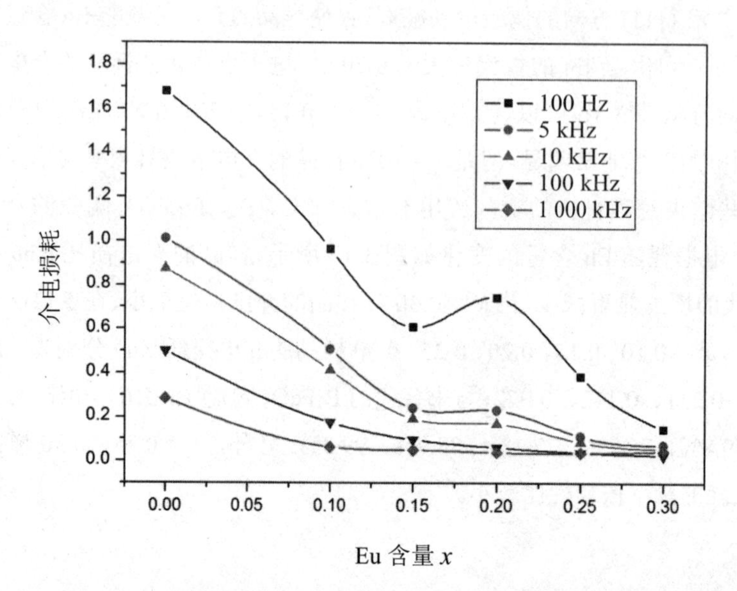

图 3-17 $Bi_{1-x}Eu_xFeO_3$ 陶瓷在几个测试频率下的介电损耗随 Eu 含量的变化图

采用阻抗分析仪对制备样品的介电性质进行了测试分析。图 3-18 为 $Bi_{1-x}Eu_xFeO_3$ ($x=0\sim0.30$) 样品室温下介电常数随频率的变化图。从图中我们可以发现，频率为 100 Hz ～ 1 MHz 之间时，所有样品的介电常数随频率的增加而减小，介电常数随频率的变化可以用偶极子弛豫来解释，在低频下，偶极子翻转能跟得上外加电压频率的变化，而在高频下，偶极子跟不上外加电压频率的变化，从而使介电常数随着频率的增加而减小。由图 3-18 可以看出，Eu 替代样品的介电常数比未替代的样品的要高，这说明 Eu 的替代能明显地提高 $BiFeO_3$ 的介电常数，$x=0.20$ 样品的介电常数最大。对于 $Bi_{1-x}Eu_xFeO_3$ 陶瓷，在 5 kHz ～ 1 MHz 测试频率范围内有一个较宽的平台，这说明所有的样品的介电常数具有较小的频率依赖性，特别是在高频阶段。图 3-19 所示为 $Bi_{1-x}Eu_xFeO_3$（$x=0\sim0.30$）样品室温下介电损耗随频率的变化图。介电损耗随频率的变化与介电常数随频率的变化相似，随着频率的增加平稳地减少。所有 Eu 替代的 $Bi_{1-x}Eu_xFeO_3$ 陶瓷的介电损耗均比 $BiFeO_3$ 小。同时，Eu 替代的 $Bi_{1-x}Eu_xFeO_3$ 陶瓷的介电损耗在整个测试频率范围内相当稳定，特别是在 50 kHz 至 1 MHz 之间。

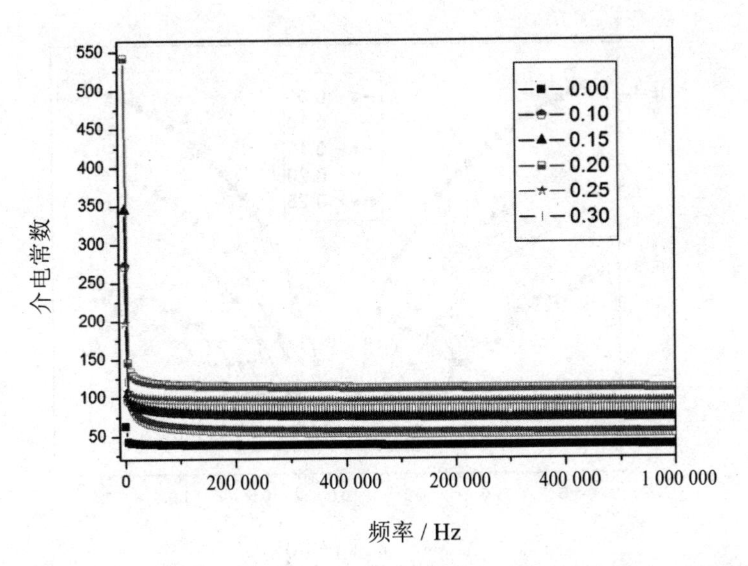

图 3-18 $Bi_{1-x}Eu_xFeO_3$($x=0\sim0.30$) 的介电常数随频率的变化图

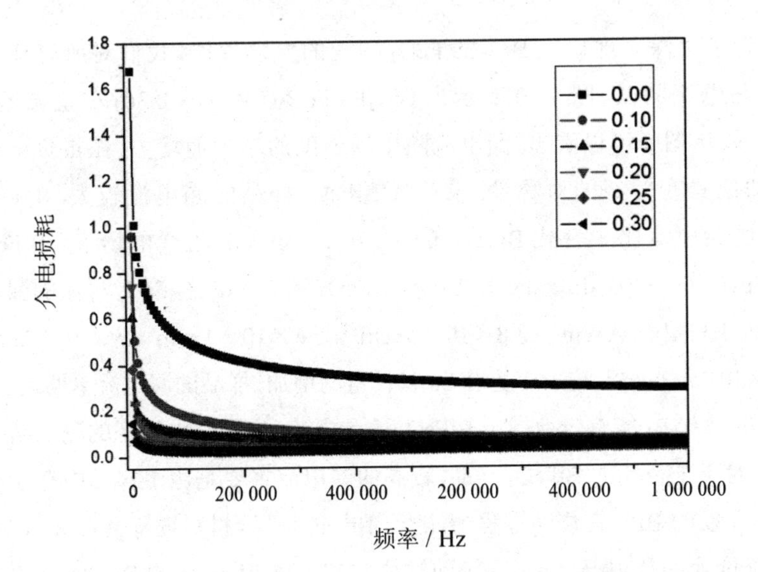

图 3-19 $Bi_{1-x}Eu_xFeO_3$($x=0\sim0.30$) 的介电损耗随频率的变化图

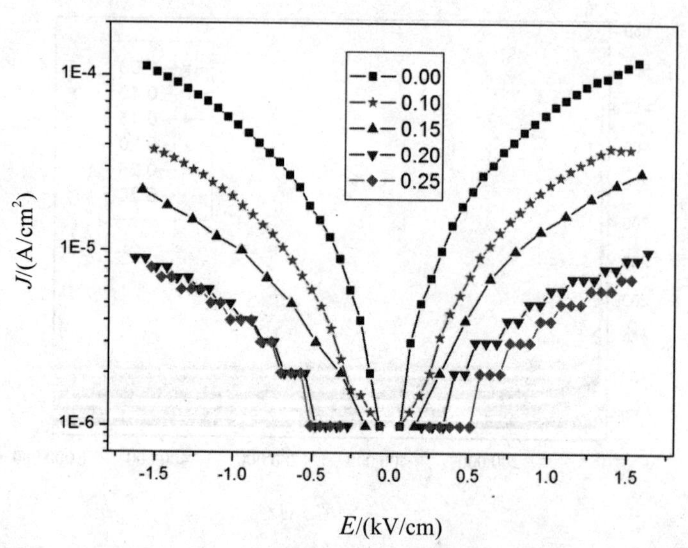

图 3-20 $Bi_{1-x}Eu_xFeO_3$ 室温下的漏电流随测试电场的变化图

为了更深入地研究 $Bi_{1-x}Eu_xFeO_3$ 陶瓷的电学性能，我们对所有样品进行了漏电流测试。图 3-20 所示为 $Bi_{1-x}Eu_xFeO_3$($x=0 \sim 0.30$) 在室温的 *J-E* 曲线图。从图中可以看出，漏电流随电场强度的增加而增大，在正负电场下 *J-E* 曲线具有较好的对称性。未替代 $BiFeO_3$ 样品的漏电流较大，Eu 替代样品的漏电流比未替代 $BiFeO_3$ 的小。在 1.5 kV/cm 测试电场下，$BiFeO_3$，$Bi_{0.9}Eu_{0.1}FeO_3$，$Bi_{0.85}Eu_{0.15}FeO_3$，$Bi_{0.8}Eu_{0.2}FeO_3$ 和 $Bi_{0.75}Eu_{0.25}FeO_3$ 样品的漏电流分别为 1.1×10^{-4} A·cm^{-2}，3.8×10^{-5} A·cm^{-2}，2.6×10^{-5} A·cm^{-2}，9×10^{-6} A·cm^{-2} 和 7×10^{-6} A · cm^{-2}。这表明随着 Eu 替代量的增加，样品的漏电流单调减小。因此，Eu 替代 Bi 能有效地减小 $BiFeO_3$ 的漏电流，这与介电损耗的测试结果相一致。对于未替代的 $BiFeO_3$ 样品，较高的漏电流主要是由于样品中存在不稳定、易挥发的 Bi^{3+}，在烧结过程中，随着 Bi^{3+} 的挥发，材料内部会形成氧空位，Fe^{3+} 降价为 Fe^{2+}。由于 Eu—O 键的键能 (557±13 kJ/mol) 比 Bi—O 键的键能 (343±6 kJ/mol) 要高，Eu 替代 Bi^{3+} 后，可以稳定钙钛矿结构，减少 Bi^{3+} 的挥发，减少氧空位的浓度和 Fe^{2+} 的含量。

图 3-21 为 $Bi_{1-x}Eu_xFeO_3$ 陶瓷样品的室温磁滞回线图。由图可见未掺杂 BFO 样品显示反铁磁性，而所有 Eu 掺杂 BFO 样品均表现出弱铁磁性特

征，表明 Eu 掺杂使 BFO 由反铁磁性转变为弱铁磁性。图 3-21 插图所示为 $Bi_{1-x}Eu_xFeO_3$ 陶瓷样品的磁滞回线的放大图。从图中可以看到未掺杂 BFO 有较小的剩余磁化强度，这可能与未掺杂 BFO 的反铁磁特征和 $Bi_2Fe_4O_9$ 等杂相的顺磁性有关。$x=0.10$、0.20、0.25 样品的饱和磁化强度（M_s）分别为 0.24 emu/g、0.37 emu/g 和 0.55 emu/g，剩余磁化强度（M_r）分别为 0.033 emu/g、0.065 emu/g 和 0.094 emu/g。这表明当 Eu 掺杂量由 0.00 增加到 0.25 时，$Bi_{1-x}Eu_xFeO_3$ 样品的磁性逐渐增强。其原因有以下几点：① Eu 掺杂能抑制甚至破坏 BFO 空间调制的螺旋自旋的反铁磁结构。②尺寸效应。晶粒尺寸减小，表面与体积的比值变大，BFO 长程反铁磁有序就会经常在晶粒表面中断，其螺旋自旋的周期性结构就会被抑制，没有被抵消的磁矩增多，材料的磁性增强。

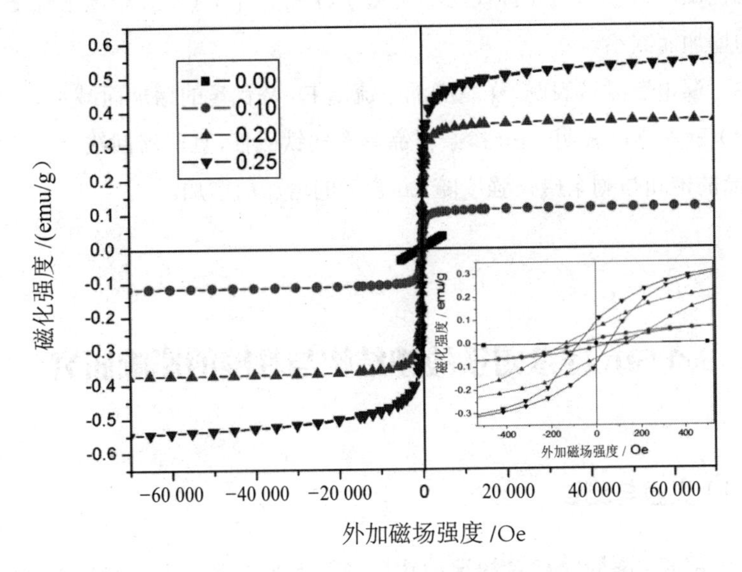

图 3-21 $Bi_{1-x}Eu_xFeO_3$ 室温下的磁滞回线图

3.3.3 结论

本文采用固相反应法结合快速液相烧结技术制备了 $Bi_{1-x}Eu_xFeO_3$ ($x=0\sim0.30$) 系列陶瓷样品。研究了 Eu 替代对 $BiFeO_3$ 微观结构与电学性能的影响。

（1）XRD 与 Raman 测试结果表明在 $x=0.20$ 处发生了相结构的转变。Eu 替代能够抑制杂相的生成，并影响样品的 Bi—O 键振动。

（2）介电测试显示，Eu 替代 Bi 对样品的介电常数、介电损耗、频率响应具有显著的影响。$Bi_{1-x}Eu_xFeO_3$ 陶瓷的介电常数、介电损耗均随频率的增加而减小。当 Eu 替代含量由 0.00 增加到 0.20 时，$Bi_{1-x}Eu_xFeO_3$ 陶瓷样品的介电常数随 Eu 替代量的增加而增大，当 $x\geqslant0.20$ 时，样品的介电常数随替代量的增加而减小。同时，Eu 替代明显降低了样品的介电损耗，介电损耗随替代含量的增加而减小。

（3）漏电流测试表明，样品的漏电流随 Eu 替代量的增加而减小。

（4）磁性测试表明，Eu 掺杂样品具有弱铁磁性，且磁滞回线具有饱和特征，样品的饱和与剩余磁化强度随 Eu 含量的增加而增加。

3.4 Sm 掺杂对铁酸铋结构与性能的影响研究

3.4.1 实验与测试

采用溶胶 - 凝胶法结合快速液相烧结技术制备 $Bi_{1-x}Sm_xFeO_3$ 陶瓷样品。先将 $Bi(NO_3)_3\cdot5H_2O$ 和 $Fe(NO_3)_3\cdot9H_2O$（为补偿 Bi^{3+} 的挥发，Bi 3 % 过量）以适当的比例混合，溶解到柠檬酸中，搅拌均匀；再称取一定量的 Sm_2O_3，将其用硝酸溶解；然后把上述两种溶液混合，搅拌均匀，加入适量聚乙二醇配制成 0.2 mol/L 的溶液。所得溶液于 70 ℃加热成凝胶，然后在 400 ℃左右煅烧 2 h。把所得粉末研磨，干压成直径 12 mm、厚约 2 mm 的圆片样品。采用快速液相烧结法于 825 ～ 900 ℃下烧结 0.5 h，得到 $Bi_{1-x}Sm_xFeO_3$ 陶瓷样品。将烧结好的样品用细砂磨去表面的氧化层并用酒精清洗干净，而后焙上银胶作电极，以供样品电性能测试。

采用 D8 Advance 型 X 射线衍射仪对样品的晶体结构进行表征。采用 Renishaw 公司生产的 inVia 型拉曼光谱仪对样品的结构进行分析，激光波长为 514.5 nm。材料的形貌采用 FEI Quanta200 型扫描电子显微镜进行表征。材料的磁学性能采用 Quantum Design 型 MPMS 进行测量。采用安捷伦 4294A 精密阻抗分析仪进行介电性能测试，测试频率范围为 1 kHz ～ 1 MHz。利用 RT600 型铁电仪进行铁电性能、漏电流的测量。

3.4.2 结果与讨论

采用XRD测试技术研究了 $BiFeO_3$ 晶体结构随Sm替代量的演化。图3-22所示为室温下不同 Sm 替代量的 $Bi_{1-x}Sm_xFeO_3$ 样品的 XRD 图谱。XRD 峰的强度表明所测样品均为多晶结构，并且具有较好的结晶性。经 XRD 软件检索，表明未替代 $BiFeO_3$ 样品为菱方钙钛矿型结构，属于 R3c 空间群，与其他文献报道衍射图样相同。在 $BiFeO_3$ 的 XRD 图谱中存在 $Bi_2Fe_4O_9$、$Bi_{25}FeO_{40}$ 等一些杂相峰，这些杂相经常在 $BiFeO_3$ 制备的过程中出现。Sm 替代后，随着 Sm 含量 x 的增加，样品中的 $Bi_2Fe_4O_9$、$Bi_{25}FeO_{40}$ 等杂相的衍射峰逐渐减弱，这说明通过适量的 Sm 替代能有效地消除样品中 $Bi_2Fe_4O_9$、$Bi_{25}FeO_{40}$ 等杂相。随着 Sm 含量由 0.00 增加到 0.05，样品的特征衍射峰均略微向大角度方向移动，这说明 Sm 离子进入了 $BiFeO_3$ 的晶格位置，并且 $Bi_{0.95}Sm_{0.05}FeO_3$ 样品的晶体结构与未替代 $BiFeO_3$ 的相同，只是由于 Sm^{3+} 对 Bi^{3+} 的替代导致了晶体结构发生了扭曲。但是，当 $x=0.10$ 时，在 25° 附近有新的（111）峰生成，22° 附近的（012）峰发生了劈裂，32° 附近的（104）（110）峰发生了合并，这些现象表明样品在替代量 $x=0.10$ 附近出现了相结构的转变。出现相结构转变的原因是由于 Sm^{3+} 的离子半径 $(1.24\times10^{-10}m)$ 比 Bi^{3+} $(1.365\times10^{-10}m)$ 小。

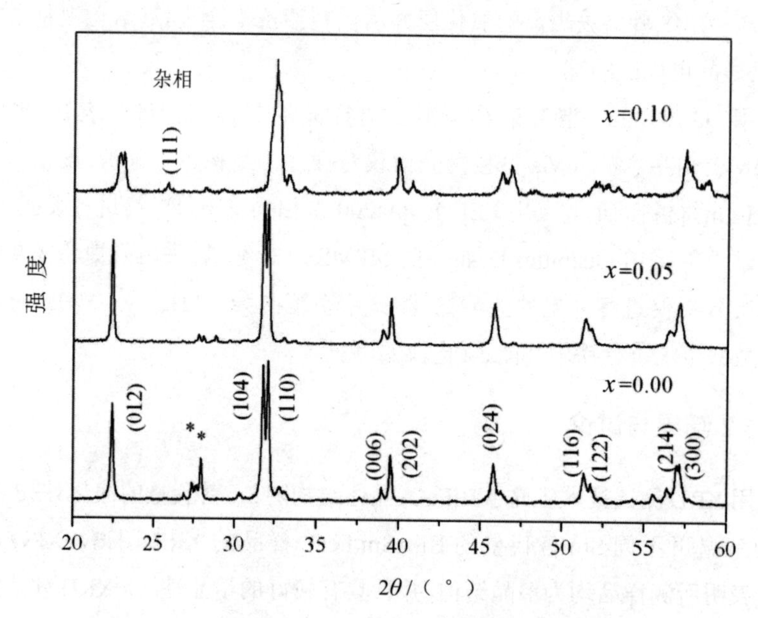

图 3-22 室温下 $Bi_{1-x}Sm_xFeO_3$ 的陶瓷样品的 XRD 图谱

Raman 光谱是研究材料的结构、分子振动状态的有力工具，被广泛应用于铁电相变规律及铁电性质的研究。图 3-23 为 $Bi_{1-x}Sm_xFeO_3$ ($x=0\sim0.15$) 样品在室温下的拉曼光谱图，测试范围为 100 ～ 400 cm^{-1}。在未替代 $BiFeO_3$ 陶瓷样品中可观察到 4 个活性模，三个较强的 A_1 模分别位于 129.5 cm^{-1}、165.2 cm^{-1} 和 210.8 cm^{-1} 附近，分别记为 A_1-1、A_1-2 和 A_1-3 模，E 模位于 255.8 cm^{-1} 附近，模的位置与其他文献报道基本一致。A_1-1、A_1-2 模的强度比较强，A_1-3 模、E 模强度较弱。由于拉曼光谱对原子位移比较敏感，拉曼典型模的变化，可以为离子替代和电极化提供有价值的信息。$BiFeO_3$ 的电极化起源于 Bi 的孤对电子的立体化学活性，它主要依赖于 Bi—O 共价键的改变。一般认为，A_1-1、A_1-2 和 A_1-3 模和 E 模与 $BiFeO_3$ 的电极化相关。由图可以看出，Sm 元素替代对 100 和 300 cm^{-1} 之间的 A_1 模和 E 模有较大的影响。当替代量增大到 0.05 时，A_1-1、A_1-2 和 A_1-3 模发生明显蓝移，A_1-1 模和 A_1-3 模强度增加，A_1-2 模和 E 模受到抑制，这些现象也表明 Sm 替代 Bi 进入了 $BiFeO_3$ 的晶格位置。当替代量由 0.05 增加到 0.10 时，拉曼特征峰发生了剧烈的变化，A_1-2 模几乎消失，A_1-1 模峰展宽并向低波数端移动，E 模变宽并向高波数端移动，声子模的消失及特征峰的变化说明在该替代量处发生了相变，这与 XRD 测试分析结果一致。当 Sm 替代量由 0.01 增加到 0.15 时，拉曼光谱比较相似，拉曼特征峰的强度、峰位变化不明显，这表明 $x=0.10$ 和 0.15 的样品具有相同的结构。

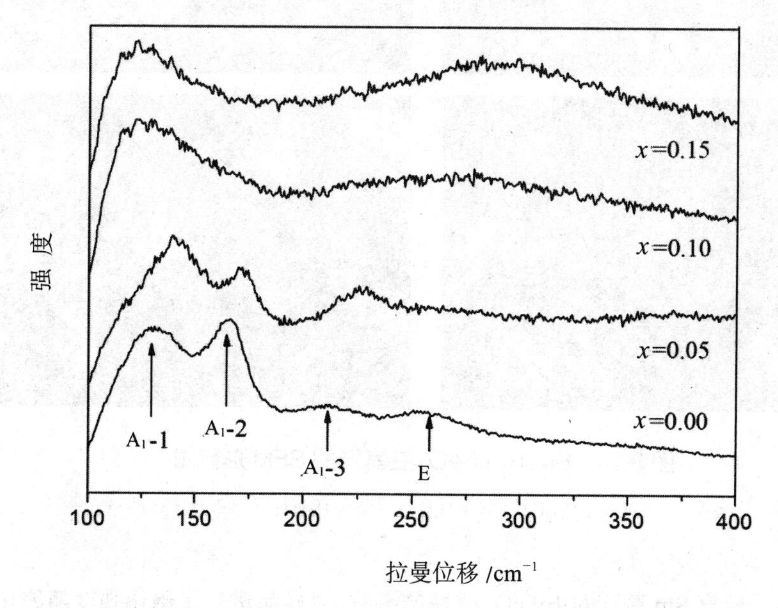

图 3-23　$Bi_{1-x}Sm_xFeO_3$（$x=0\sim0.15$）室温下的拉曼光谱图

图 3-24 为不同 Sm 替代量下 $BiFeO_3$ 陶瓷的 SEM 断面形貌图。由图 3-24（a）可以看出未替代 $BiFeO_3$ 样品的表面主要由一些大的晶粒和孔洞所组成，这说明样品生长不规则、不连续。由图 3-23（a）～（d）可以看到，随着 Sm 替代量的增加，样品晶粒明显变小，晶粒尺寸变得更为均匀，这表明 Sm 替代抑制了晶粒的生长，使样品晶粒尺寸变小、均匀。晶粒尺寸减小的原因可能是由 Bi^{3+} 和 Sm^{3+} 离子半径的不同以及 Bi—O 键（343 ± 6 kJ/mol）、Sm—O 键（619±13 kJ/mol）键能的不同所引起的。

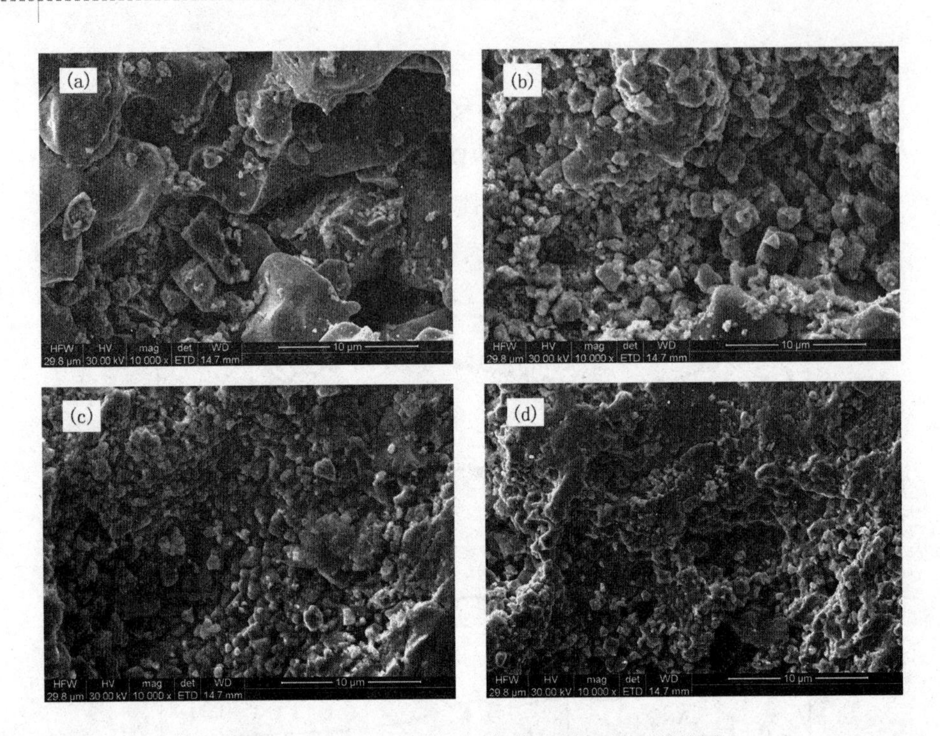

图 3-24 $Bi_{1-x}Sm_xFeO_3$ 在室温的 SEM 形貌图

(a) 0.00；(b) 0.05；(c) 0.10；(d) 0.15

为了研究 Sm 替代对 $BiFeO_3$ 磁性的影响，对样品进行了磁化强度随磁场变化的测试。图 3-25 为室温下 $Bi_{1-x}Sm_xFeO_3$ 陶瓷样品在外加磁场为 70 kOe 下的磁滞回线。$Bi_{1-x}Sm_xFeO_3$ 陶瓷样品具有对称的磁滞回线，显示出明显的铁磁性特征。室温下 $BiFeO_3$ 为 G 型反铁磁结构，但这种反铁磁结构并非严格的反平行结构，而是具有一定的倾角，因而有一定的磁性，其他课题组制备的 $BiFeO_3$ 也得到了具有铁磁性的磁滞回线。图 3-25 中的插图为饱和磁化强度 M_s 与剩余磁化强度 M_r 随 Sm 替代量的变化图，从图中可以看出，$x=0$、0.05、0.10 和 0.15 的样品的饱和磁化强度分别为 0.25 emu/g、0.71 emu/g，0.18 emu/g 和 0.24 emu/g，剩余磁化强度分别为 0.034 emu/g、0.078 emu/g、0.017 emu/g 和 0.025 emu/g。可以看出当 Sm 替代量由 0.00 增加到 0.05 时，饱和磁化强度和剩余磁化强度随着 Sm 含量的增加而增加，当 Sm 替代量由 0.05 增加到 0.15 时，饱和磁化强度和剩余磁化强度随着 Sm 含量的增加而减小。$Bi_{0.95}Sm_{0.05}FeO_3$ 样品具有最大的剩余磁化强度与饱和磁化强度。Sm 替代量由 0.00 增加到 0.05 时，饱和磁化强度和剩余磁化强度随着 Sm 含量的增加而增加的原因主要有以下两个方面：① Sm 替代能够抑制甚至破坏 $BiFeO_3$ 的周期调制的螺旋自旋结构，释放被禁锢的磁性，从而使 $BiFeO_3$ 中显现出净磁矩现象。②尺寸效应，表面积与体积的比率随着晶粒的减小而增加，$BiFeO_3$ 的长程反铁磁有序结构（周期约 62 nm）在晶粒的表面被经常打破，因此 $BiFeO_3$ 的周期调制的螺旋自旋结构被抑制，在晶粒表面没有被抵消的磁矩增加，因此，$BiFeO_3$ 的磁性随 Sm 替代量的增加所导致的晶粒的减小而增加。由于上述两个原因，$BiFeO_3$ 的磁性随 Sm 替代量（0.00 ～ 0.05）的增加而增加。$BiFeO_3$ 中的 $Bi_{25}FeO_{39}$ 等杂相具有铁磁性，当 Sm 替代量由 0.05 增加到 0.15 时，$Bi_{25}FeO_{39}$ 等杂相随 Sm 含量的增加而减少，因此饱和磁化强度和剩余磁化强度随着 Sm 替代量（0.05 ～ 0.15）的增加而减小。

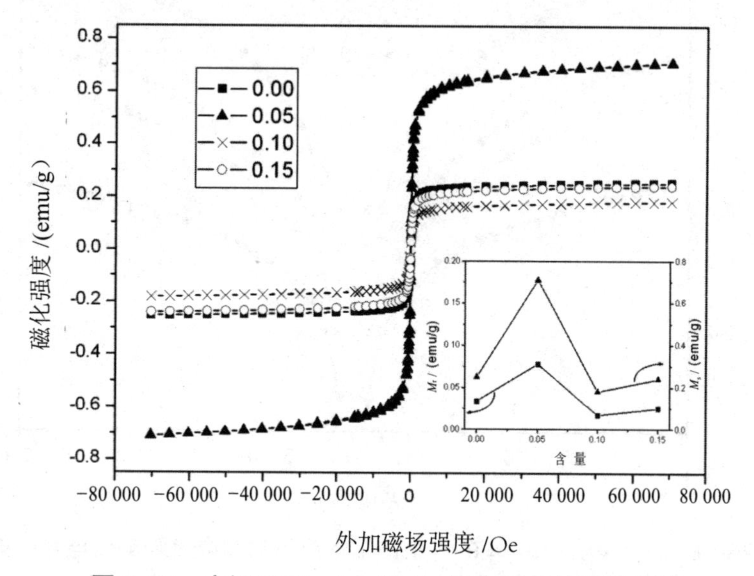

图 3-25 室温下 $Bi_{1-x}Sm_xFeO_3$ 陶瓷样品的磁滞回线

图 3-26 所示为 $Bi_{1-x}Sm_xFeO_3$（x＝0.00 ～ 0.15）在室温漏电流随测试电场的变化曲线图。从图中可以看出，漏电流随电场强度的增加而增大，在正负电场下 *J-E* 曲线具有较好的对称性。未替代 BFO 样品的漏电流较大，Sm 替代样品的漏电流比未替代 $BiFeO_3$ 的小。在 3.0 kV/cm 测试电场下，$BiFeO_3$，

$Bi_{0.95}Sm_{0.05}FeO_3$，$Bi_{0.9}Sm_{0.1}FeO_3$，$Bi_{0.85}Sm_{0.15}FeO_3$ 样品的漏电流分别为 9.6×10^{-5} A·cm^{-2}，1.9×10^{-5} A·cm^{-2}，1.2×10^{-5} A·cm^{-2} 和 1.6×10^{-6} A·cm^{-2}。这表明随着 Sm 替代量的增加，样品的漏电流单调减小。因此，Sm 替代 Bi 能有效减小 BFO 的漏电流。未替代 $BiFeO_3$ 样品较高中漏电流产生的主要原因是样品中存在不稳定、易挥发的 Bi^{3+}，在烧结过程中，随着 Bi^{3+} 的挥发，材料内部会形成氧空位，Fe^{3+} 降价为 Fe^{2+}，从而形成电导。由于 Sm—O 键的键能 (619±13 kJ/mol) 明显高于 Bi—O 键的键能 (343±6 kJ/mol)，Sm 替代后可以稳定 $BiFeO_3$ 的钙钛矿结构，抑制 Bi^{3+} 的挥发，从而减少氧空位及 Fe^{2+} 的浓度，获得细晶结构，并消除样品中的杂相，增加了材料的电阻率。因此 Sm^{3+} 替代 Bi^{3+} 能够有效地降低材料的漏电流。

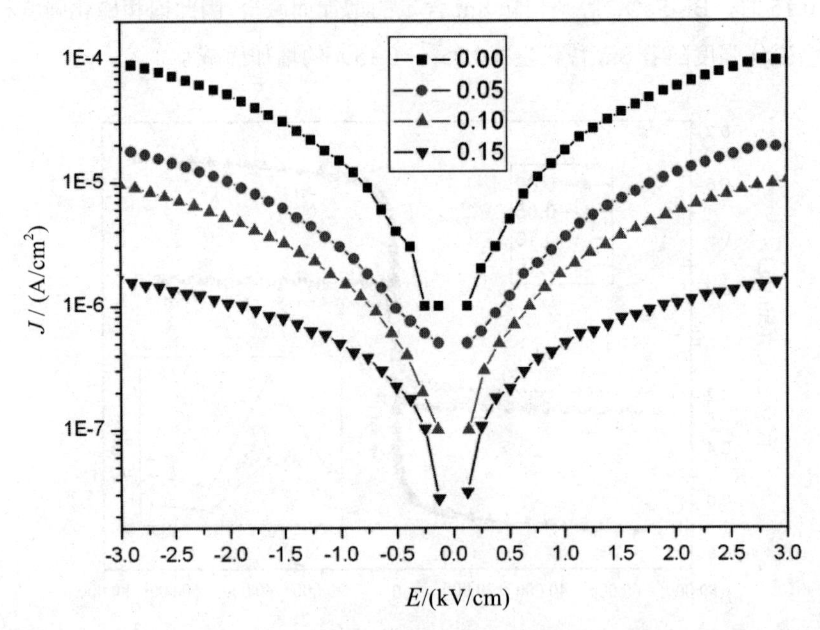

图 3-26 $Bi_{1-x}Sm_xFeO_3$（$x=0\sim0.15$）室温下的漏电流随测试电场的变化曲线图

采用阻抗分析仪对制备样品的介电性质进行了测试分析。图 3-27（a）（b）分别为 $Bi_{1-x}Sm_xFeO_3$ ($x=0\sim0.15$) 样品在室温下、1 kHz ～ 1 MHz 频率范围内介电常数 ε_r、介电损耗 $\tan\delta$ 随频率的变化。从图中我们可以发现，在 1 kHz ～ 1 MHz 测试频率范围内，所有样品的介电常数 ε_r 随频率的增大而减小，介电常数随频率的变化可以用偶极子弛豫来解释，在低频下，偶极子能随着频率在外加电压下翻转，而在高频下，偶极子来不及在外加电压下翻转，从而使介电常数随着频率的增加而减小。由图 3-27（a）可以看出，Sm 替代样品的介电常数比未替代的样品的要高，这说明 Sm 替代能明显提高 $BiFeO_3$ 的介电常数；当 Sm 替代量 x 从 0.00 增加到 0.05 时，$Bi_{1-x}Sm_xFeO_3$ 陶瓷的介电常数随 Sm 含量的增加而增加，当 Sm 替代量 x 从 0.05 增加到 0.15 时，$Bi_{1-x}Sm_xFeO_3$ 陶瓷的介电常数随 Sm 的增加而减小，$x=0.05$ 时样品的介电常数 ε_r 最大。在 1 MHz 测试频率下，介电常数约为 133.2，是未替代 $BiFeO_3$ 样品的介电常数（36.9）的 3.6 倍。所有样品的介电常数随频率的变化不大，尤其在高频阶段，这说明样品具有较好的频率稳定性。由图 3-27（b）可以看出 Sm 替代各组分样品的介电损耗 $\tan\delta$ 都比未替代 $BiFeO_3$ 的要小，这说明 Sm 的替代能明显地减小 $BiFeO_3$ 的介电损耗；随着 Sm 的替代量的增加，样品的介电损耗具有逐渐减小的趋势，$x=0.15$ 样品的介电损耗最小；样品的介电损耗随频率的变化基本保持不变，具有较好的频率稳定性。对于 $Bi_{1-x}Sm_xFeO_3$ 陶瓷样品的介电特性随 Sm 替代量的变化可以从氧空位和 Fe 离子的位移两个方面来解释。对于未替代的 $BiFeO_3$ 样品来说，在样品的烧结过程中，由于 Bi^{3+} 挥发，在 $BiFeO_3$ 样品中会形成氧空位，钙钛矿材料中的氧空位起空间电荷的作用，在电场作用下的定向移动形成一定的电导；加上在氧空位处 Fe^{3+} 可能转变为 Fe^{2+} 而产生大的电导和漏导电流，使材料的电阻率降低，介电常数较小。当一定量的 Sm ($x\leqslant 0.10$) 替代到 $BiFeO_3$ 中，一方面，由于 Sm^{3+} 的稳定性优于 Bi^{3+}，材料中的部分 Bi^{3+} 被 Sm^{3+} 替代后，会抑制 Bi^{3+} 的挥发，使氧空位浓度降低，同时使 Fe^{3+} 转变为 Fe^{2+} 产生的漏导电流减小，使材料的电阻率增加，介电常数增大，因此，当 x 由 0.00 增加到 0.05 时，样品的介电常数增加。由于 $BiFeO_3$ 是扭曲菱方钙钛矿结构，是一种位移型铁电体，它的自发极化主要来自铁氧八面体中三价铁离子沿三角钙钛矿的对角线方向移动，使正负电荷重心偏离产生相对位移进而形成电偶极矩产生自发极化，因为 Sm^{3+} 的离子半径小于 Bi^{3+} 的，当 Sm^{3+} 部分替代 Bi^{3+} 时，导致晶胞体积缩小，铁氧八面体出现扭曲，Fe^{3+} 沿 (111) 方向的偶极运动减弱，致使样品的介电常数随替代量的增加而减小。因此，当 Sm 的替代量大于 0.05 时，进一步替代使样品的介电常数减小。

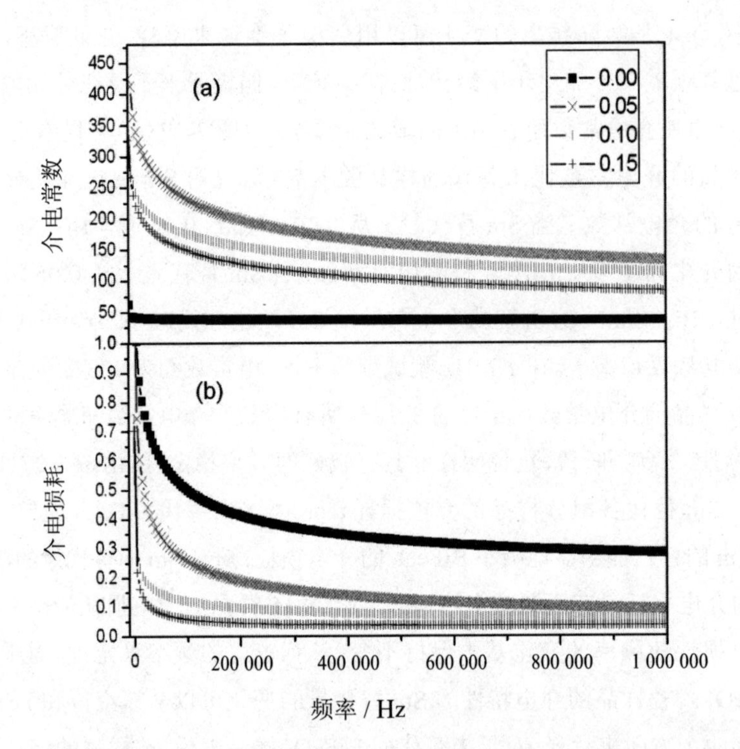

图 3-27 $Bi_{1-x}Sm_xFeO_3$（$x=0\sim0.15$）的介电常数（a）和介电损耗（b）随频率的变化图

图 3-28 所示为 $Bi_{1-x}Sm_xFeO_3$ 陶瓷样品室温下的电滞回线图。$Bi_{1-x}Sm_xFeO_3$ 陶瓷样品的最大测试电场约为 20 kV/cm。尽管 Sm 替代样品的铁电性有所提高，但是由于漏电流的存在，其电滞回线仍不饱和。未替代 BFO 样品的剩余极化值（$2P_r$）约为 0.020 μC/cm^2，$x=0.05$，0.10，0.15 样品的剩余极化值（$2P_r$）分别为 0.307 μC/cm^2，0.190 μC/cm^2 和 0.058 μC/cm^2。以上结果表明，Sm 替代能显著提高 $BiFeO_3$ 的铁电性。当 Sm 含量 x 由 0.00 增加到 0.05 时，$BiFeO_3$ 的剩余极化随 Sm 含量的增加而增加，当 x 由 0.05 增加到 0.15 时，$BiFeO_3$ 的剩余极化随 Sm 含量的增加而减小。

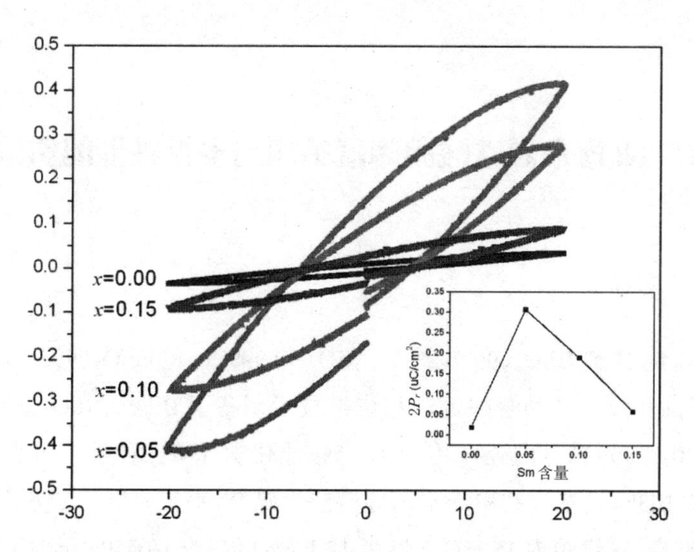

图 3-28 室温下 $Bi_{1-x}Sm_xFeO_3$（$x=0\sim0.15$）的电滞回线

3.4.3 结论

本书采用固相反应法结合快速液相烧结技术制备了 $Bi_{1-x}Sm_xFeO_3$（$x=0.00\sim0.15$）系列陶瓷样品。研究了 Sm 替代对 $BiFeO_3$ 微观结构与电磁性能的影响。

（1）XRD 与 Raman 测试结果表明：在 Sm 替代量 $x=0.10$ 时 $Bi_{1-x}Sm_xFeO_3$ 陶瓷出现了结构相变；Sm 替代对 Bi—O 键的振动具有一定的影响。

（2）SEM 测试表明，Sm 替代能够抑制晶粒的生长。

（3）磁性测试表明，所有样品具有弱的铁磁性，磁滞回线具有饱和的特征，饱和磁化强度和剩余磁化强度均随 Sm 替代量的增加先增加后减小，$x=0.05$ 时饱和磁化强度和剩余磁化强度最大。

（4）漏电流测试显示，Sm 替代能够有效地减小 $BiFeO_3$ 的漏电流密度。

（5）介电、铁电测量表明，当 Sm 替代含量 $x\leqslant0.05$ 时，$Bi_{1-x}Sm_xFeO_3$ 陶瓷样品的介电常数、剩余极化随 Sm 替代量的增加而增大，当 $x\geqslant0.05$ 时，介电常数、剩余极化随替代量的增大而减小。同时，Sm 替代能明显地降低样品的介电损耗，介电损耗随替代含量（0.00 ～ 0.15）的增加而减小。

3.5 Ni 掺杂对铁酸铋陶瓷结构与多铁性能的影响

3.5.1 实验

以高纯试剂 Bi_2O_3(99.999%)、NiO(99.99%)和 Fe_2O_3(99.99%)为原料，采用固相反应法结合快速液相烧结技术制备了 $BiFe_{1-x}Ni_xO_3$($x=0.00$, 0.10, 0.20, 0.30)多晶陶瓷样品。各组分按照化学计量比称量（为了补偿 Bi 的挥发，Bi3% 过量），利用无水乙醇溶液作媒介，手工研磨 6 h 使氧化物充分均匀混合，在烘箱内 150 ℃下烘烤 12 h，然后在约 10 MPa 压力下将各组分的粉体干压成直径为 11 mm，厚度为 1.6 mm 的圆片样品，最后在管式炉内 850 ～ 880 ℃烧结 30 min，然后迅速取出冷却至室温，得到 $Bi_{1-x}Sm_xFeO_3$ 系列陶瓷样品。将烧结好的样品用细砂磨去表面的氧化层并用酒精清洗干净，而后焙上银胶作电极，以供样品电性能测试。

采用 D8 Advance 型 X 射线衍射仪对样品的晶体结构进行表征。采用 Renishaw 公司生产的 inVia 型拉曼光谱仪对样品的结构进行分析，激光波长为 514.5 nm。采用精密快 - 快符合正电子设备对所制备样品进行缺陷表征，以 13 μCi 的 Na^{22} 为放射源，样品与放射源组成三明治结构进行正电子湮没寿命谱测试，寿命谱计数为 10^6，采用 PATFIT 程序进行解谱分析，得到正电子湮没寿命参数。采用安捷伦 4294A 精密阻抗分析仪进行介电性能测试，测试频率范围为 1 kHz ～ 1 MHz。利用 RT6000 型铁电仪进行铁电性能、漏电流的测量。样品的磁学性能采用 Quantum Design 型 MPMS 进行测量。

3.5.2 实验结果分析

图 3-29 为 $BiFe_{1-x}Ni_xO_3$($x=0.00 \sim 0.30$)样品室温下的 XRD 图谱。由图可知样品为多晶结构，通过 Jade 软件检索发现所有样品均为菱方钙钛矿结构，未掺杂样品的 XRD 图谱中在 27 ℃附近出现了强度较低的衍射峰，该峰与 $Bi_2Fe_4O_9$ 和 $Bi_{25}FeO_{39}$ 相对应，表明在未掺杂 BFO 陶瓷中存在杂相，这主要

由 BFO 在高温烧结过程中 Bi 挥发所致，随着 Ni 含量的增加，杂质相逐渐减少，在 $x=0.20$ 和 0.30 的样品中，杂质相消失。这说明 Fe 位 Ni 替代能有效抑制杂质相的形成，其原因可能是 Ni 替代能降低 Fe^{3+} 转化为 Fe^{2+} 所造成的成分改变。此外，随着 Ni 浓度的增加，特征峰向低角方向移动，一些衍射峰的强度也随之增大，如 (110)，(006)，这表明了 Ni^{2+} 取代了 Fe^{3+}，影响了 BFO 晶格的结构，造成了晶格扭曲。上述 $BiFe_{1-x}Ni_xO_3$ 陶瓷材料特征峰的变化可能是由于 $Ni^{2+}(0.69\times10^{-10}\,m)$ 的离子半径比 $Fe^{3+}(0.64\times10^{-10}\,m)$ 的离子半径大所致。

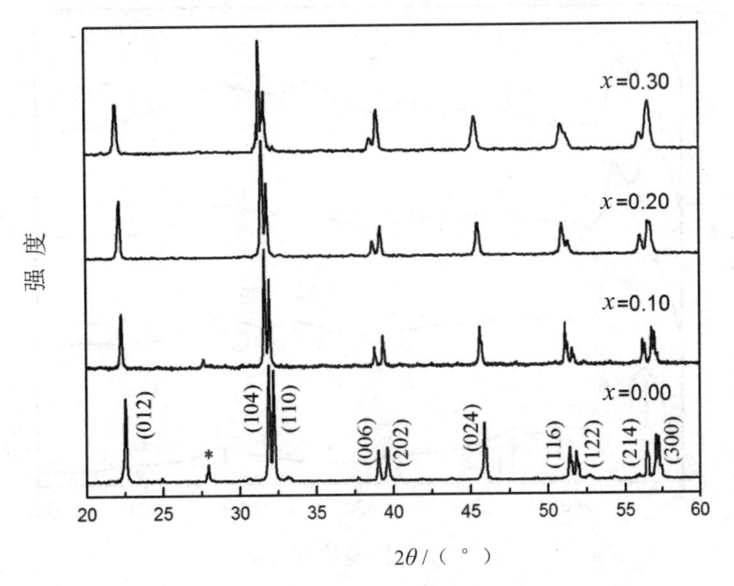

图 3-29　$BiFe_{1-x}Ni_xO_3$ 陶瓷在室温下的 XRD 图谱

为了更好地理解 $BiFe_{1-x}Ni_xO_3$ 样品的结构变化，采用了拉曼光谱对样品进行进一步研究。图 3-30 为 $BiFe_{1-x}Ni_xO_3$ 样品的拉曼光谱。根据理论计算，菱形结构 BFO 中存在 13 个活跃的拉曼模式。在本研究中，由于某些活性模的散射强度太弱以至于无法观察到，因此在未取代的 BFO 样品的拉曼光谱中仅观察到七个基本的拉曼模，位于 135、168 和 215 cm^{-1} 处的拉曼峰是 A_1 震动模式，分别记录为 A_1-1，A_1-2 和 A_1-3。后面位于约 259、365、527 和 610 cm^{-1} 处的四个拉曼峰分别是 E_1、E_2、E_3 和 E_4。由于拉曼散射光谱对原子位移非常敏感，因此随着镍含量 x 的增加，拉曼震动模式的演化可以提供有关离子取代和电极化的相关信息。当Ni浓度从0增加到0.30时，特征模式逐渐向较低波数移动，A_1-1和A_1-2模式的强度被抑制，而E_3模式则显著增强。震动模的低频移动表明，Ni取代Fe引起了Fe位和Bi位的压缩变形。造成这种变化的主要原因是Ni^{2+}离子的质量大于Fe^{3+}离子的质量，相对较重的Ni离子取代更可能会降低模态的振动频率；对于Ni掺杂样品，在450 cm^{-1}附近出现了与NiO_6八面体的拉伸和弯曲震动有关的新峰，其强度随Ni浓度的增加而增加；这也表明，Ni^{2+}离子已经进入了BFO晶格并取代了Fe^{3+}离子。

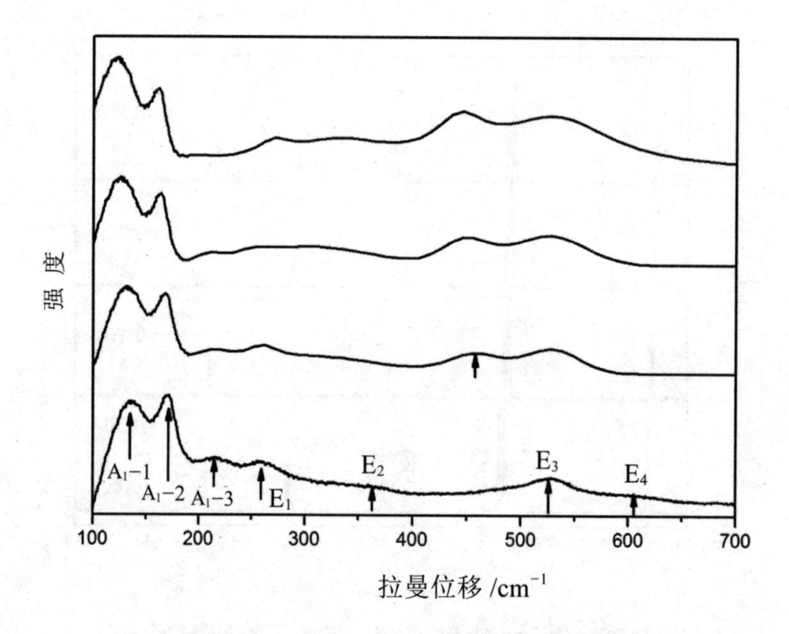

图3-30 $BiFe_{1-x}Ni_xO_3$陶瓷的拉曼光谱

图3-31是$BiFe_{1-x}Ni_xO_3$材料的正电子湮没测试得到正电子湮没寿命参数。实验中采用两寿命分量进行分析。短寿命τ_1主要与自由状态下的湮没正电子有关，主要反映了完美晶格中的湮没特征。第二寿命τ_2与捕获态的正电子寿命有关，反映了空位缺陷的体积。根据两态陷阱模型，平均寿命τ_m可由以下方程计算：$\tau_m=\tau_1I_1+\tau_2I_2$，主要从整体上反映了正电子在自由态和捕获态的湮没过程，给出材料内部电子密度和缺陷分布的详细信息。τ_2反映了阳离子空位型缺陷的尺寸，相应的强度I_2反映了阳离子空位型缺陷的浓度。图3-31(a)为$BiFe_{1-x}Ni_xO_3$陶瓷材料中正电子寿命参量τ_m和$_2$随Ni含量x的变

化图。可以看出 τ_2 随着 Ni 含量的增加而变化，当 Ni 含量从 0.00 增加到 0.10 时，τ_2 随 x 的增加而减小，当 Ni 含量从 0.10 增加到 0.30 时，τ_2 随 x 的增加而增加。众所周知，τ_2 与空位型缺陷的尺寸成正比，因此，当 $x=0.00\sim0.10$ 时，τ_2 的下降表明空位型缺陷的尺寸的减小，对于 $x>0.10$ 样品，τ_2 随着 Ni 含量的不断增加而增加，这表明了空位型缺陷的尺寸的不断增大，造成这种现象的原因可能是空位的团聚。图 3-31（a）中，当 x 从 0.00 增加到 0.30 时，τ_m 单调增加，这意味着镍取代对 BFO 系统中正电子湮灭处的局部电子密度有很大影响。Ni 取代导致空位缺陷和完美晶格中电子密度降低，这可以认为是正电子湮灭处的化学环境发生了变化。图 3-31（b）为长寿命 I_2 随 Ni 含量 x 的变化图。可以观察到，I_2 随着 Ni 含量的增大而单调上升，这表明随着 Ni 含量的增加，材料内部的空位浓度也会不断增加。而造成这种现象的原因可能是因为 Ni 替代引起了结构的畸变。

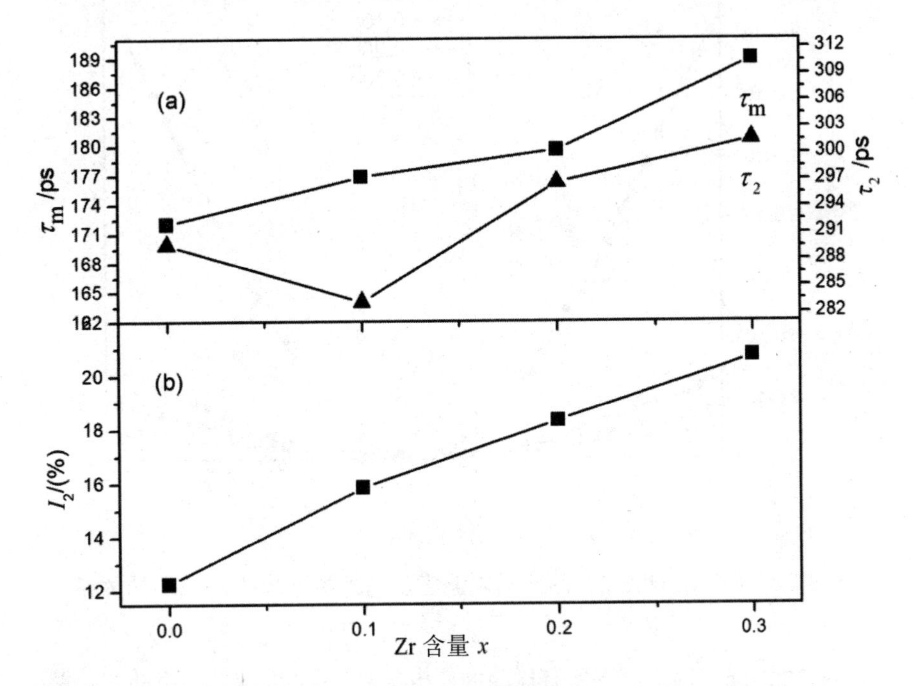

图 3-31　$BiFe_{1-x}Ni_xO_3$ 样品的正电子寿命参数 τ_m、τ_2 和 I_2 随 Ni 含量 x 的变化

图 3-32 为室温下 $BiFe_{1-x}Ni_xO_3$ 陶瓷材料的漏电流密度与电场（J-E）的关系图。可以看出，Ni 替代可以明显降低漏电流密度。当 Ni 含量从 0.00 增

加到 0.20 时，样品漏电流密度降低，当 Ni 含量从 0.20 增加到 0.30 时，样品漏电流密度增加。通常，BFO 中的漏电流主要源于杂质相、氧空位和铁离子（Fe^{3+}—Fe^{2+}）的价态波动。根据 Le Chatelier 原理，如果减少 Fe^{3+} 的含量，则 Fe^{2+} 的浓度会降低。因此，Fe 位点被其他元素取代以降低 Fe^{2+} 的浓度。另外，将二价 Ni^{2+} 离子掺杂到 BFO 中需要电荷补偿，这可以通过抑制 Fe^{2+} 的形成来实现。因此，当 Ni 含量从 0.00 增加到 0.20 时，漏电流密度降低是由于 Fe^{2+} 减少。漏电流低的另一个原因是镍取代抑制了杂质相的形成。但是，Ni^{2+} 离子替代 Fe 所产生的电荷补偿也可以通过产生氧空位来实现。因此，在抑制杂质相、Fe^{2+} 的形成和产生氧空位之间的竞争导致漏电流密度随着 Ni 含量从 0.20 增加到 0.30 而增加。

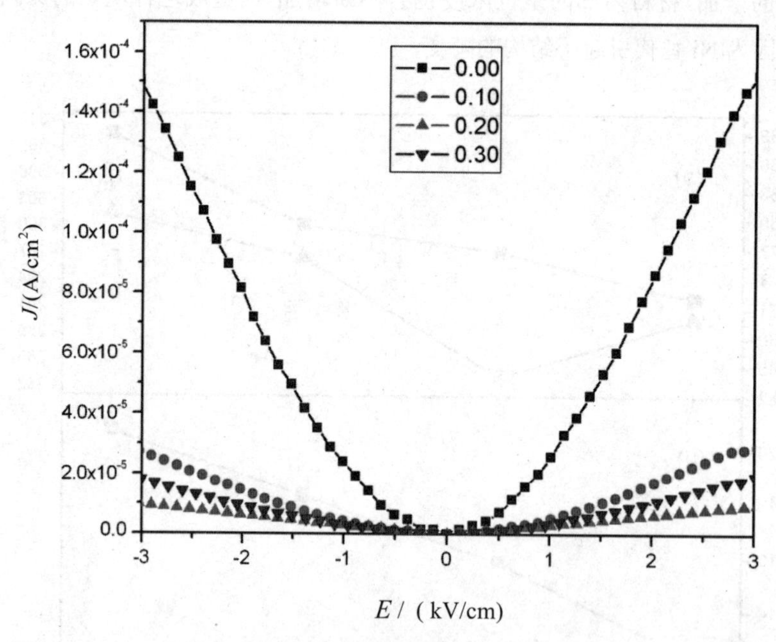

图 3-32　$BiFe_{1-x}Ni_xO_3$ 样品泄漏电流密度与外加电场（$J-E$）的关系

图 3-33（a）为室温下所有样品的介电常数（ε_r）随测试频率的变化图。结果显示样品的介电常数随频率的增加而减小，而在较高的频率下并无太大变化。之所以出现这种情况可能是因为电荷弛豫效应。在低频时，空间电荷能够随外加电场的频率改变而改变，而这些空间电荷在高频区跟不上电场变

化而产生弛豫。同时我们还可以观察到，$BiFe_{1-x}Ni_xO_3$ 样品介电特性表现出不同的色散特性，未取代 BFO 在介电常数方面表现出更明显的色散特性，而 Ni 取代的样品的介电常数的频率表现出了更好的稳定性。这表明 Ni 取代可以提高介电常数的频率稳定性。如图 3-33（a）所示，Ni 替代增加了高频下样品的介电常数。$BiFe_{1-x}Ni_xO_3$ 陶瓷的介电常数随着 x 从 0.00 到 0.20 的增加而增加，然后随着 x 从 0.20 到 0.30 的增加而减小。在未替代的 BFO 中电导率较高，从而导致较小的介电常数。漏电流测量的结果表明，漏电流随 Ni 含量从 0.00 到 0.20 的增加而降低，然后随 Ni 含量从 0.20 到 0.30 的增加而增加。因此，当 Ni 含量从 0.00 增加到 0.20 时，介电常数随 Ni 含量的增加而增加，然后随 Ni 含量进一步增加而下降。 $x = 0.20 \sim 0.30$，样品中介电常数降低的另一个原因是晶胞体积收缩。由于 Ni^{2+} 离子的半径大于 Fe^{3+} 的半径。氧八面体中掺入 Ni^{2+} 离子获得比 Fe^{3+} 小的体积，从而显示出较小的极化。图 3-33（b）为 $BiFe_{1-x}Ni_xO_3$ 陶瓷的介电损耗随频率的变化图。与介电常数类似，样品的介电损耗也会随着频率的增加而降低。从图中可以看到 $BiFe_{1-x}Ni_xO_3$ 样品的介电损耗随 Ni 浓度的增加而降低。这意味着镍取代可以降低 BFO 的介电损耗。

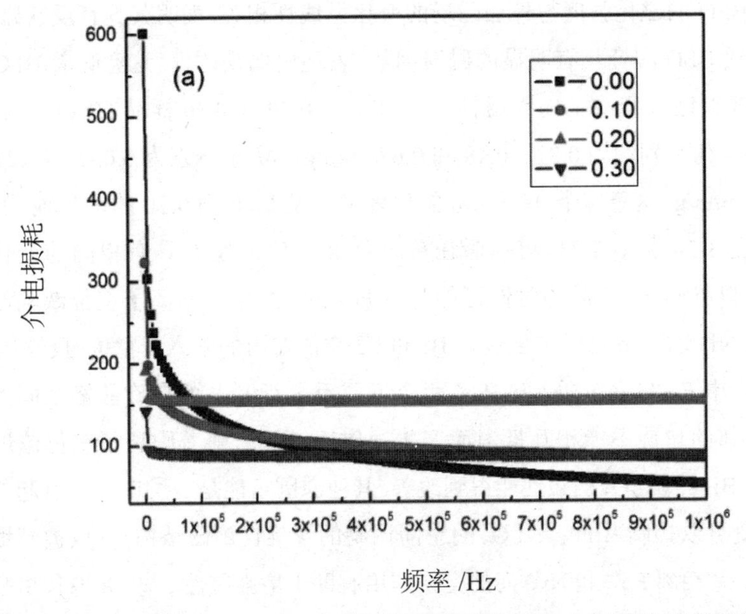

图 3-33 室温下 $BiFe_{1-x}Ni_xO_3$ 陶瓷材料介电常数和介电损耗的频率相关性

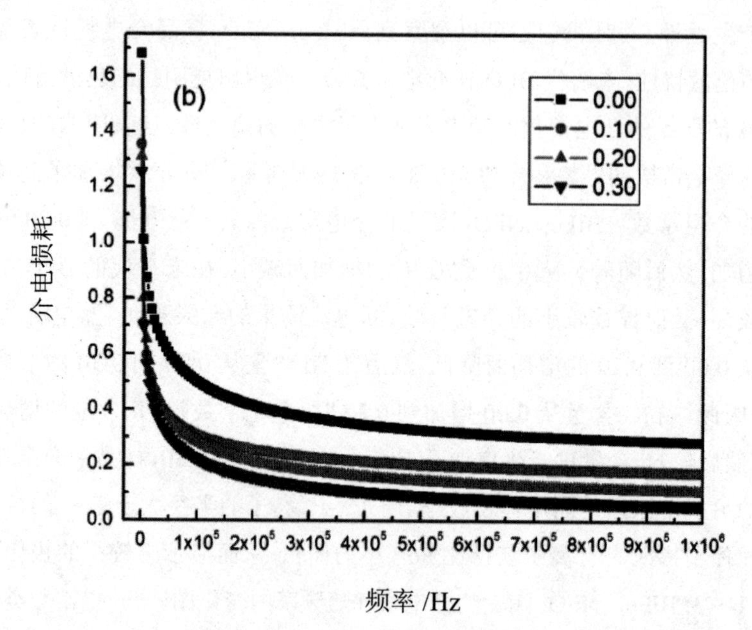

图3-33 室温下$BiFe_{1-x}Ni_xO_3$陶瓷材料介电常数和介电损耗的频率相关性（续）

室温下 $BiFe_{1-x}Ni_xO_3$ 陶瓷材料的磁滞回线（*M-H*）如图 3-34 所示。未替代 BFO 的磁化强度与外加磁场的变化呈线性相关，表明其具有反铁磁性。Ni 替代 BFO 陶瓷具有明显的磁滞回线，表现出弱铁磁性。这意味着 BFO 中的反铁磁性转变成了弱铁磁性。$x=0.10$、0.20 和 0.30 样品的饱和磁化强度（M_s）值分别约为 0.27、0.48 和 0.67 emu/g，M_r 值分别为 0.052、0.121 和 0.177 emu/g。这意味着 M_s 和 M_r 的值随着 x 从 0.00 到 0.30 的增加而增加。比较图 3-34 和图 3-31，可以看出磁性能和空位浓度 I_2 具有相同的变化趋势。可以推断出，样品的磁性可能与 $BiFe_{1-x}Ni_xO_3$ 中的阳离子空位缺陷浓度有关。Ni 代替 Fe 可以产生包括 Bi 和 Fe 空位在内的阳离子空位。反铁磁 Fe 亚晶格中 Fe 空位的插入破坏了两个近邻反平行 Fe^{3+} 的自旋晶格之间的平衡，相邻的自旋不能相互抵消而产生净磁矩。因此，随着阳离子空位浓度的增加，$BiFe_{1-x}Ni_xO_3$ 的磁性能得到改善。其他原因可能是：①镍替代引起的结构畸变可以抑制 $BiFe_{1-x}Ni_xO_3$ 的空间调制的螺旋自旋磁结构，释放被禁锢的磁性；②相邻 Fe^{3+} 和 Ni^{2+} 间的交换作用有助于增强磁性；③ Ni 取代引起的 Fe—O—Fe 键角的变化进而提高了磁化强度。

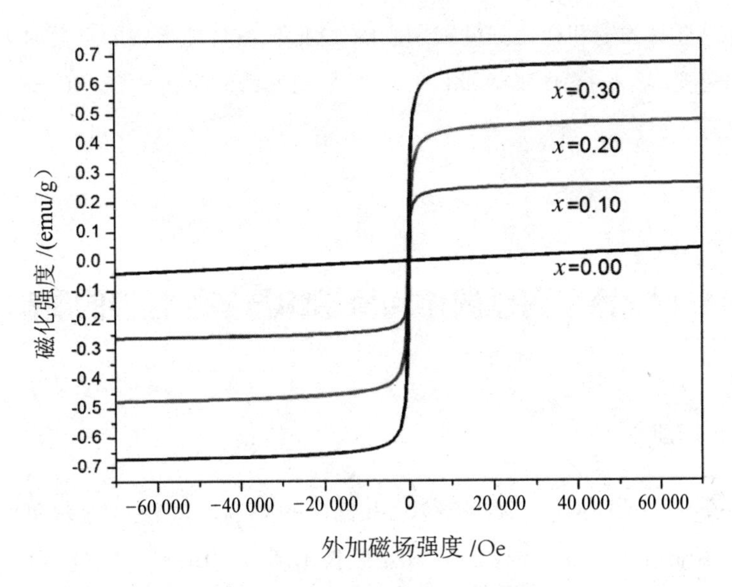

图 3-34　$BiFe_{1-x}Ni_xO_3$ 陶瓷室温磁化滞回（$M-H$）曲线

3.5.3 结论

采用固相反应法制备了 $BiFe_{1-x}Ni_xO_3$ 陶瓷，并对其结构、缺陷、电性能和磁性能进行了研究。可以得出以下结论。

（1）XRD 和 Raman 光谱分析表明，$BiFe_{1-x}Ni_xO_3$ 样品具有菱方钙钛矿晶体结构，Ni 取代 Fe 可引起晶体结构畸变，抑制杂质相的形成。

（2）正电子湮没研究表明，所有样品均存在阳离子空位型缺陷。Ni 替代不仅对 BFO 体系中空位缺陷的尺寸有很大的影响，而且对正电子湮没处的局部电子密度也有很大的影响。空位浓度随 Ni 含量的增加而增加。

（3）漏电流测试结果表明，Ni 替代能有效降低 BFO 的漏电流密度。当 Ni 含量从 0.00 增加到 0.20 时，漏电流密度随 Ni 含量增加而减小，随后逐渐增加。

（4）介电性能测试结果表明，Ni 替代能显著改善 BFO 的介电性能。当 Ni 含量从 0.00 增加到 0.20 时，介电常数逐渐增大，随后逐渐减小。样品的介电损耗随 Ni 浓度的增加而减小。

（5）磁性测试表明，Ni 替代 BFO 样品具有弱铁磁性，Ni 取代 Fe 可以显著提高样品的饱和磁化强度和剩余磁化强度。磁性能增强的主要原因是内部结构畸变、阳离子空位、相邻 Fe^{3+} 和 Ni^{2+} 间的铁磁交换和 Fe—O—Fe 键角的变化等。

3.6 Mn 掺杂对铁酸铋陶瓷结构与多铁性能的影响

3.6.1 实验

以高纯试剂 Bi_2O_3（99.999%）、MnO_2（99.99%）和 Fe_2O_3（99.99%）为原料，采用固相反应法结合快速液相烧结技术制备了 $BiFe_{1-x}Mn_xO_3$（$x=0.00$，0.10，0.20，0.30）多晶陶瓷样品。各组分按照化学计量比称量（为了补偿 Bi 的挥发，Bi3% 过量），利用无水乙醇溶液作媒介，手工研磨 6 h 使氧化物充分均匀混合，在烘箱内 150 ℃下烘烤 12 h，然后在约 10 MPa 压力下将各组分的粉体干压成直径为 11 mm、厚度为 1.6 mm 的圆片样品，最后在管式炉内 850 ～ 880 ℃烧结 30 min，然后迅速取出冷却至室温，得到 $BiFe_{1-x}Mn_xO_3$ 系列陶瓷样品。将烧结好的样品用细砂磨去表面的氧化层并用酒精清洗干净，而后焙上银胶作电极，以供样品电性能测试。

采用 D8 Advance 型 X 射线衍射仪对样品的晶体结构进行表征。样品的形貌采用 FEI Quanta200 型扫描电子显微镜进行表征。利用 RT 6000 型铁电仪进行铁电性能测量。样品的磁学性能采用 Quantum Design 型 MPMS 进行测量。

3.6.2 实验结果分析

图 3-35 为室温下 $BiFe_{1-x}Mn_xO_3$ (x＝0.00、0.10、0.20、0.30) 样品的 XRD 图谱。尖锐和较强的衍射峰表明样品具有良好的结晶性。$BiFe_{1-x}Mn_xO_3$ 样品的 X 射线衍射图谱与菱形畸变钙钛矿结构 R3c 空间群相吻合。这一结果表明，Mn 掺杂后未引起结构相变。通过 XRD 图谱可以发现，未掺杂的 BFO 中含有 $Bi_2Fe_4O_9$ 和 $Bi_{36}Fe_{24}O_{57}$ 等杂质相，混在主相中。由于反应动力学，这些杂相总是与 BFO 相一起形成。同时可以观察到，随着锰掺杂量的增加，

杂质峰的强度减小，表明锰掺杂可以减少杂质相的形成。对比不同样品的XRD图谱可以发现，随着Mn掺杂量的增加，$BiFe_{1-x}Mn_xO_3$样品的主要衍射峰向较高的角度方向偏移，表明Mn^{4+}离子进入了晶格。这是由于Mn^{4+}离子(0.53×10^{-10} m)的半径小于Fe^{3+}离子(0.645×10^{-10} m)的半径，当Mn^{4+}进入晶格时，引起BFO的晶胞发生畸变和收缩。

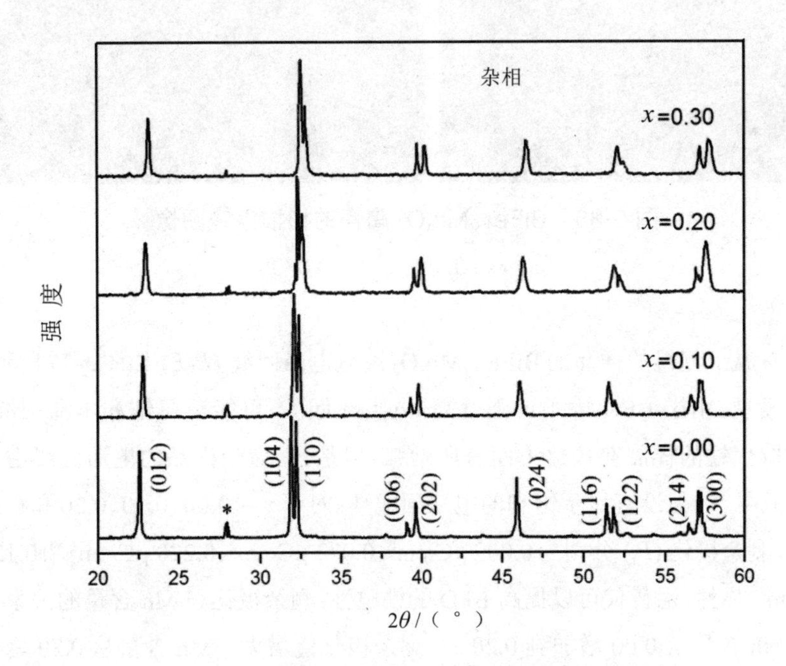

图 3-35　$BiFe_{1-x}Mn_xO_3$陶瓷的室温XRD图谱

图3-36为未掺杂的BFO和$BiFe_{0.7}Mn_{0.3}O_3$陶瓷表面形貌的SEM照片。未掺杂BFO陶瓷的扫描电镜图像由大的、相互连通的、不均匀的（形状和尺寸）晶粒和一定的晶粒间孔洞组成，这些影响了样品的密度。$BiFe_{0.7}Mn_{0.3}O_3$陶瓷的形貌为致密均匀的颗粒分布。对比SEM照片发现，Mn掺杂显著地减小了BFO陶瓷的晶粒尺寸。Mn^{4+}离子具有比Fe^{3+}更高的价态，因而在BFO中起到施主的作用，Mn^{4+}的加入需要电荷补偿以保持电中性，这可以通过填充Bi原子挥发造成的氧离子空位来实现。因此，Mn掺杂BFO陶瓷晶粒尺寸的减小可以用电荷补偿机制抑制氧空位浓度来解释，这种机制导致氧离子运动减慢，从而降低晶粒长大速率。

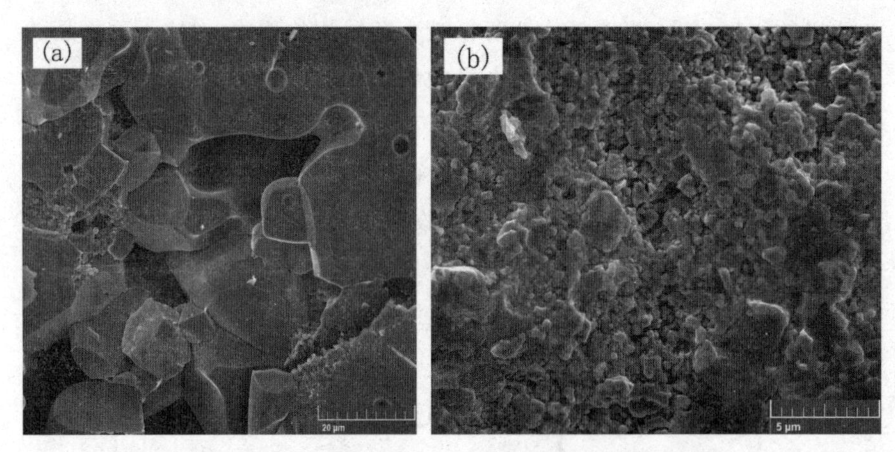

图 3-36 $BiFe_{1-x}Mn_xO_3$ 陶瓷的扫描电镜图像

(a)x＝0.00；(b)x＝0.30

室温下测得的样品的 $BiFe_{1-x}Mn_xO_3$ 铁电电滞回线 (P-E) 如图3-37所示。研究发现，由于 BFO 矫顽场强度高，电阻率低，不可能获得饱和电滞回线。虽然取代锰的样品在极化方面有所增强，但是，锰掺杂样品的电滞回线由于存在漏导，样品没有显示饱和的电滞回线环。对于 x＝0.00、0.10、0.20 和 0.30 样品，剩余极化 (P_r) 分别为0.009 μC/cm²、0.073 μC/cm²、0.220 μC/cm² 和 0.124 μC/cm²。显然，锰替代可以提高 BFO 的铁电性。剩余极化与 Mn 含量的关系表明，Mn 含量从 0.00 增加到 0.20 时，剩余极化值增大，Mn 含量从 0.20 增加到 0.30 时，剩余极化值减小。锰含量从 0.00 增加到 0.20 时，剩余极化增加的原因可能是：①高价态 Mn^{4+} 离子取代 Fe 位作为施主掺杂，将减少氧空位，导致漏电导减小；②由于 Mn^{4+} 离子的半径小于 Fe^{3+} 离子的半径，因此 Mn^{4+} 离子比 Fe^{3+} 离子在氧八面体中获得更多的振动空间，可能表现出更强的极化。但当锰含量增加到一定程度时，剩余极化并没有增加。BFO 的铁电性质来源于 Bi^{3+} 的 $6s^2$ 孤对电子与氧 2s/2p 轨道的杂化。Mn^{4+} 替代 Fe^{2+} 可能导致 Bi 孤立电子对的立体化学活性下降，从而降低样品的铁电性。因此，剩余极化随锰含量的增加而减小，从 0.20 降到 0.30。

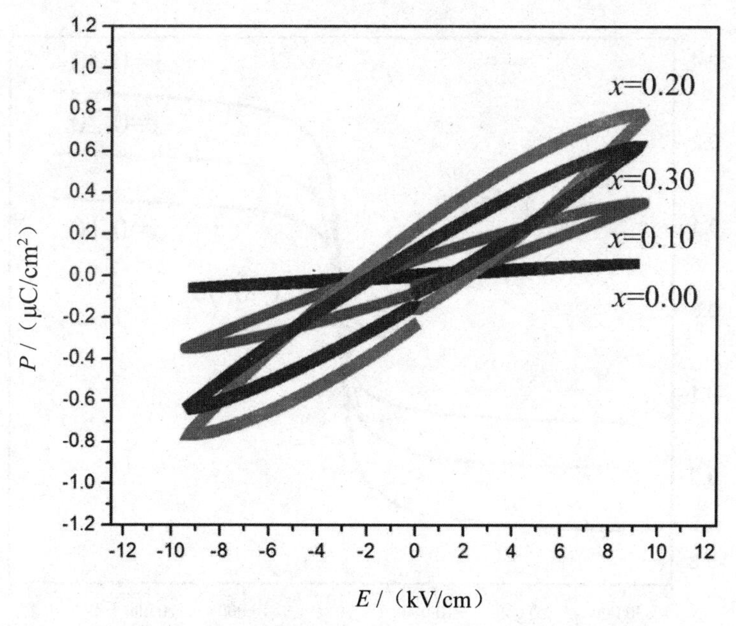

图 3-37　室温下 $BiFe_{1-x}Mn_xO_3$ 陶瓷的电滞回线

为了研究 $BiFe_{1-x}Mn_xO_3$ 陶瓷的磁性，在 300 K 下进行了外加磁场 (*H*) 作用下的磁化 (*M*) 实验。测量结果如图 3-38 所示。未掺杂 BFO 磁化强度随外加磁场的变化表现为线性特征，剩余磁化不明显。这表明在 30 kOe 的高场范围内，未掺杂 BFO 具有反铁磁性。据报道，BFO 具有 G 型反铁磁结构，并且 G 型反铁磁结构与非公度波长约 62 nm 的螺旋自旋结构相叠加，消除了 BFO 的净磁化强度。与未掺杂 BFO 相比，Mn 掺杂样品表现出弱铁磁性。这表明，在锰掺杂 BFO 样品中，由于锰的替代，BFO 中的反铁磁性变成了弱铁磁性。由图发现，随着锰浓度的增加，样品的铁磁性逐渐改善。$x=0.10$、0.20 和 0.30 样品的饱和磁化强度分别为 0.13、0.19 和 0.26 emu/g，剩余磁化强度分别为 0.023、0.051 和 0.057 emu/g。锰掺杂 BFO 中观察到的铁磁有序主要是由以下原因引起的。首先，由于 Mn 与 Fe 的磁矩不同，锰原子在 B 位取代铁原子可望形成局域亚铁磁结构。第二，Mn^{4+} 离子的替代抑制了 BFO 的螺旋自旋磁结构。第三，Mn^{4+} 替代改变 Fe—O—Fe 键角，引起 FeO_6 八面体倾斜，导致结构畸变。Fe—O—Fe 键角的改变可以改善反铁磁有序相邻平面的倾斜角，从而改善铁磁性。

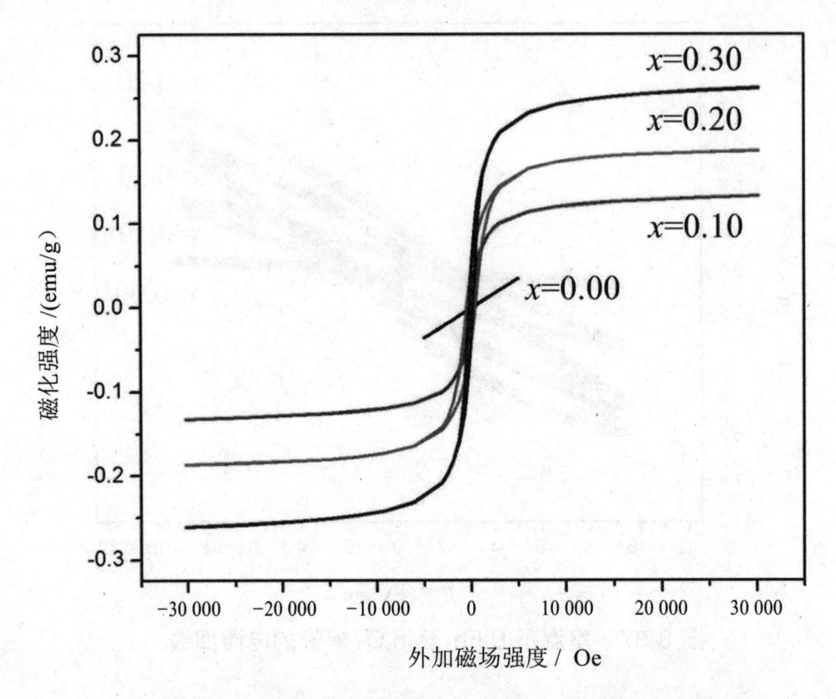

图 3-38 $BiFe_{1-x}Mn_xO_3$ 陶瓷在 $t=300$ K 下的磁化滞后曲线

3.6.3 结论

采用固相反应法和快速液相烧结法成功地合成了杂相较少的 Mn 取代 $BiFeO_3$,陶瓷。研究了锰离子掺杂对 $BiFeO_3$ 结构、电性能和磁性能的影响。结果表明:锰离子对 $BiFeO_3$ 的结构、电性能和磁性能有显著影响。

(1) 所有 $BiFe_{1-x}Mn_xO_3$ 样品都具有菱方钙钛矿结构,Mn 取代 Fe 可以引起晶体结构畸变,减少杂相的形成。

(2) 锰掺杂极大地影响和提高了 $BiFeO_3$ 的多铁性能。由于氧空位的抑制,观察到的铁电性随着锰含量的增加而增强。锰掺杂 $BiFeO_3$ 样品表现出铁磁性,与之相反,未掺杂 $BiFeO_3$ 具有反铁磁性,Mn 掺杂 BFO 样品为弱铁磁性,并且随着 Mn 含量的增加,其铁磁性能得到进一步改善。

3.7 Zr 掺杂对铁酸铋陶瓷结构与多铁性能的影响

3.7.1 实验

以高纯试剂 Bi_2O_3（99.999%）、MnO_2（99.99%）和 Fe_2O_3（99.99%）为原料，采用固相反应法结合快速液相烧结技术制备了 $BiFe_{1-x}Mn_xO_3$（$x=0.00$，0.10，0.20，0.30）多晶陶瓷样品。各组分按照化学计量比称量（为了补偿 Bi 的挥发，Bi3% 过量），利用无水乙醇溶液作媒介，手工研磨 6 h 使氧化物充分均匀混合，在烘箱内 150 ℃下烘烤 12 h，然后在约 10 MPa 压力下将各组分的粉体干压成直径为 11 mm、厚度为 1.6 mm 的圆片样品，最后在管式炉内 850 ～ 880 ℃烧结 30 min，然后迅速取出冷却至室温，得到 $BiFe_{1-x}Mn_xO_3$ 系列陶瓷样品。将烧结好的样品用细砂磨去表面的氧化层并用酒精清洗干净，而后焙上银胶作电极，以供样品电性能测试。

采用 D8 Advance 型 X 射线衍射仪对样品的晶体结构进行表征。样品的形貌采用 FEI Quanta200 型扫描电子显微镜进行表征。利用 RT6000 型铁电仪进行铁电性能、漏电流的测量。样品的磁学性能采用 Quantum Design 型 MPMS 进行测量。

3.7.2 实验结果分析

图 3-39 表示的是在室温下检测的不同掺杂浓度的 X 射线衍射图谱，由标准 X 射线粉末衍射卡片（JCPDS 72-2493）可知，本实验中未掺杂 BFO 样品的 X 射线衍射图案显示该结构为菱方钙钛矿结构，由图可看出在 25° ～ 30° 附近存在少量 $Bi_2Fe_4O_9$ 和 $Bi_{25}FeO_{40}$ 杂相（图中“*”标示），这些杂相的生成是因为在 BFO 在高温烧结时 Bi 原子不可避免地挥发。在 Zr 掺杂的 BFO 中杂相衍射峰逐渐减弱或消失，这表明 Zr^{4+} 离子在 B 位的取代促进 BFO 的生成并抑制了杂相的生成。随着 Zr 掺杂量的增加（$x=0.00$ ～ 0.10），X 射线衍射图向小角度方向移位，这表明 Zr^{4+} 取代 Fe^{3+} 引发了 BFO 晶格结构相变。值得

注意的是，随着掺杂量的增加，在 2θ 约为 32°、38°、52° 和 57° 附近观察到了衍射双峰发生了合并，主峰强度逐渐减少，这说明 Zr 掺杂使 BFO 发生结构相变。产生上述变化的原因是 Zr^{4+} 离子的半径 (0.72×10^{-10} m) 大于 Fe^{3+} 的半径 (0.645×10^{-10} m)，Zr 离子在 B 位的替代导致 BFO 的晶格参数、晶胞体积增加，进而导致扭曲直至相结构发生转变。另外，在 2θ 约为 22.5° 附近，(012) 峰的强度随着掺杂量的增加而逐渐减弱，半峰宽逐渐增大，说明 Zr 的掺杂使样品的晶粒尺寸相对减小。

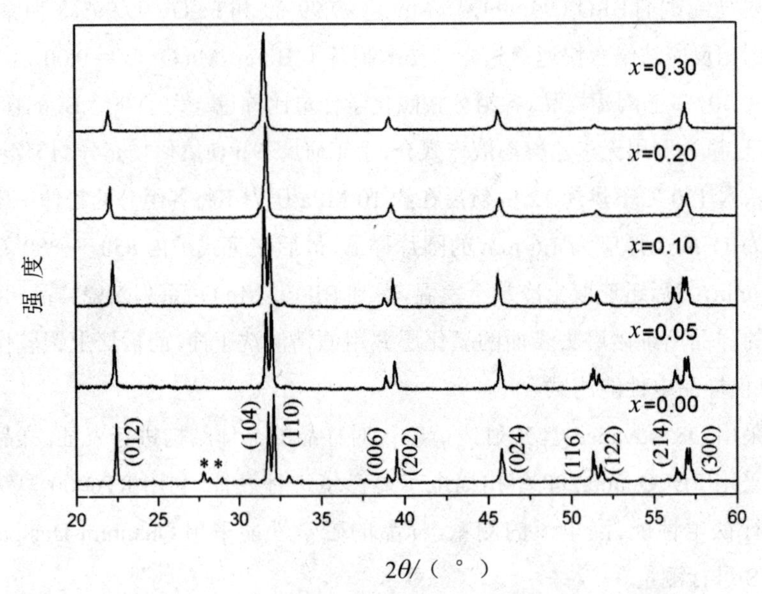

图 3-39 $BiFe_{1-x}Zr_xO_3$ 陶瓷样品的 X 射线衍射图谱

图 3-40 为不同掺杂浓度 $BiFe_{1-x}Zr_xO_3$ 陶瓷的 SEM 形貌图。由图可知，由于掺杂了 Zr，导致样品的形貌、晶粒尺寸和致密度发生变化。在烧结过程中，Bi 离子的挥发，释放出气体在晶体中形成氧空位，导致了样品的多孔形貌。未掺杂的样品 SEM 图像显示，晶粒的形状不规则，而且其尺寸分布也不均匀，介于 5 ～ 30 μm 之间，在一些较大晶粒的断裂处存在大量的空隙，这是由于在烧结过程中形成液相导致晶粒快速生长造成的。随着 Zr 掺杂量的增加，样品晶粒的尺寸明显减小，晶粒的大小变得更加匀称，孔洞明显减少，微观结构变得更加紧密。其原因可能是，Zr^{4+} 作为施主掺杂，可以有效抑制氧空位的形成，因此对晶粒生长起到抑制的作用，使晶粒尺寸变小。

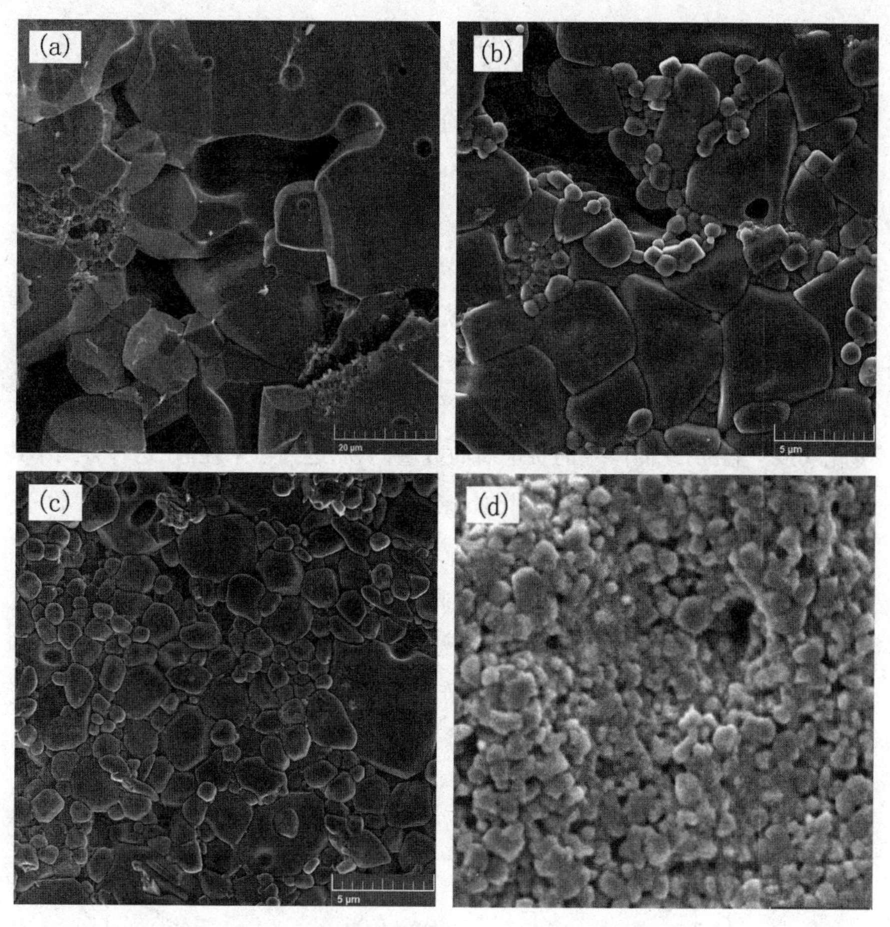

图 3-40 $BiFe_{1-x}Zr_xO_3$ 陶瓷样品的 SEM 形貌图

(a) $x = 0.00$; (b) $x = 0.10$; (c) $x = 0.20$; (d) $x = 0.30$

为了研究漏电流特性，对样品进行了 *J-E* 测试。图 3-41 所示为室温下 $BiFe_{1-x}Zr_xO_3$ 样品的电流密度随测试电场强度的变化曲线 (*J-E*)。由图可以看出电流密度随电场的变化是非线性的，这表明所制备材料具有非欧姆特性。从图中可以清楚地看到，在相同的测试电场下，未掺杂的 BFO 样品表现出相对较高的漏电流密度，而 Zr 掺杂的 BFO 样品具有较低的漏电流密度。这清楚地表明，Zr 的掺杂可以很好地减少 $BiFeO_3$ 样品的漏电流密度。在 5 kV/cm 电场的作用下，未掺杂的 $BiFeO_3$ 样品和 Zr 掺杂的 $BiFe_{0.95}Zr_{0.05}O_3$、$BiFe_{0.90}Zr_{0.1}0O_3$、$BiFe_{0.80}Zr_{0.2}O_3$ 和 $BiFe_{0.70}Zr_{0.30}O_3$ 样品的漏电流密度分别约为 2.75×10^{-4} A/cm^2，7.22×10^{-5} A/cm^2，1.98×10^{-5} A/cm^2，6.38×10^{-6} A/cm^2 和 1.28×10^{-5} A/cm^2，这表明在 Zr 掺杂量从 0.00 至 0.20 时，漏电流密度随 Zr 掺杂量的增加而降低，但是当 Zr 掺杂量从 0.20 至 0.30 时，漏电流密度随 Zr 掺杂量的增加而增加。在 $BiFeO_3$ 陶瓷样品中存在较大的漏电流密度主要是因为氧空位存在和铁离子的化合价波动（Fe^{3+} 转变至 Fe^{2+}）。氧空位是电子俘获中心，被困在它们中的电子可以很容易地被外加电场传导，从而增加了漏电流密度。BFO 的传导机制也与 Fe^{2+} 离子转化为 Fe^{3+} 离子有关，在晶格中存在氧空位，其充当 Fe^{2+} 离子转化为 Fe^{3+} 离子的桥梁，并在电子传导中起重要作用。Zr 掺杂会产生带负电荷的铁空位，这种铁空位会降低由于铁离子价态变化（Fe^{3+} 至 Fe^{2+}）而产生的负电荷的数量，从而达到电中性。在这种方式中，Fe^{2+} 的量减小，Fe^{3+} 和 Fe^{2+} 之间的价态变化被抑制。掺杂量 x 从 0 至 0.20 的漏电流特性被改善的另一个原因是氧空位减少。锆、铁、铋和氧离子的电负性值分别是 1.33、1.83、2.02 和 3.44，可见 Zr—O 键强度要高于 Fe—O、Bi—O 键强度，因此能抑制 Bi 的挥发，减少氧空位浓度。由于 Zr^{4+} 的化合价比 Fe^{3+} 的高，所以 Zr 在 BFO 中起到供体的作用，而且通过填充氧空位可以补偿电荷不平衡。除此之外，Zr 掺杂消除了杂相的形成，也是降低 $BiFe_{1-x}Zr_xO_3$ 陶瓷样品的漏电流密度的原因之一。

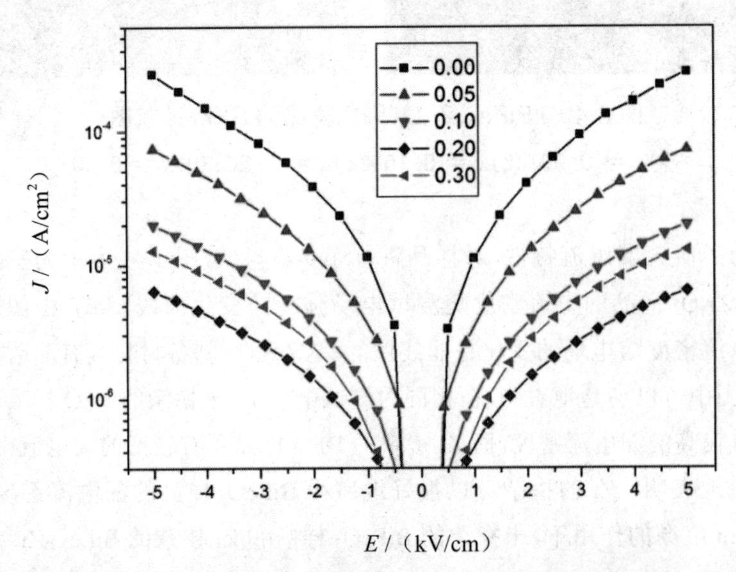

图 3-41 $BiFe_{1-x}Zr_xO_3$ 样品的漏电流密度随测试电场强度的变化曲线 (J–E)

为了研究 $BiFe_{1-x}Zr_xO_3$ 陶瓷的铁电性能，在室温下测定了样品的电滞回线 (*P-E*)，图 3-42 所示为 $BiFe_{1-x}Zr_xO_3$ 陶瓷的电滞回线。从图中可以清楚地看到，所有样品的 *P-E* 曲线均不饱和，说明样品中均存在一定的漏电流。与未掺杂的 BFO 相比，Zr 掺杂样品电滞回线的形状、饱和极化强度和剩余极化强度均得到显著改善。掺杂量 $x=0.00$、0.05、0.10、0.20 和 0.30 样品的剩余极化 (P_r) 分别为 0.003 $\mu C/cm^2$、0.026 $\mu C/cm^2$、0.452 $\mu C/cm^2$、0.320 $\mu C/cm^2$ 和 0.173 $\mu C/cm^2$。表明掺杂量 x 从 0.00 增加至 0.10 时，剩余极化随着 Zr 的浓度增加而增加，掺杂量 x 从 0.10 增加至 0.30 时，剩余极化随着 Zr 的浓度增加而减小。未掺杂 BFO 铁电性较弱且很难观测的原因主要是其漏电流较大。从图 3-41 可以看到当 Zr 掺杂量由 0 至 0.20 时，样品的漏电流减小。所以当 Zr 掺杂量由 0 至 0.10 时，样品的剩余极化逐渐增加。另一个原因是高价的 Zr^{4+} 离子掺杂浓度可以抑制氧空位浓度。因为氧空位在铁电极化转换过程中起到钉扎的作用，使铁电性减弱。然而，由于 Zr^{4+} 离子半径大于 Fe^{3+} 离子，在氧八面体中 Zr^{4+} 离子的极化振动空间要比 Fe^{3+} 离子小，这会导致极化降低。因此，当 Zr 掺杂含量由 0.10 增加到 0.30 时，其铁电性能逐渐降低。

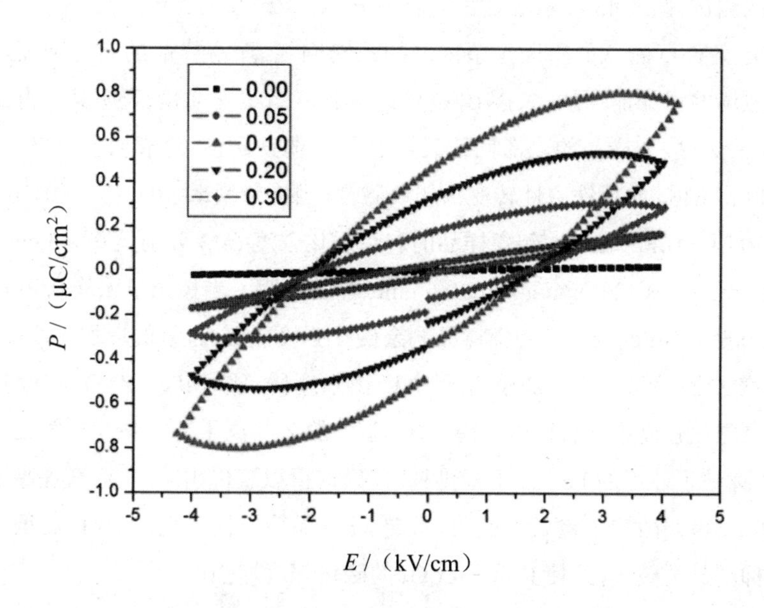

图 3-42 $BiFe_{1-x}Zr_xO_3$ 陶瓷样品的电滞回线 (*P*–*E*)

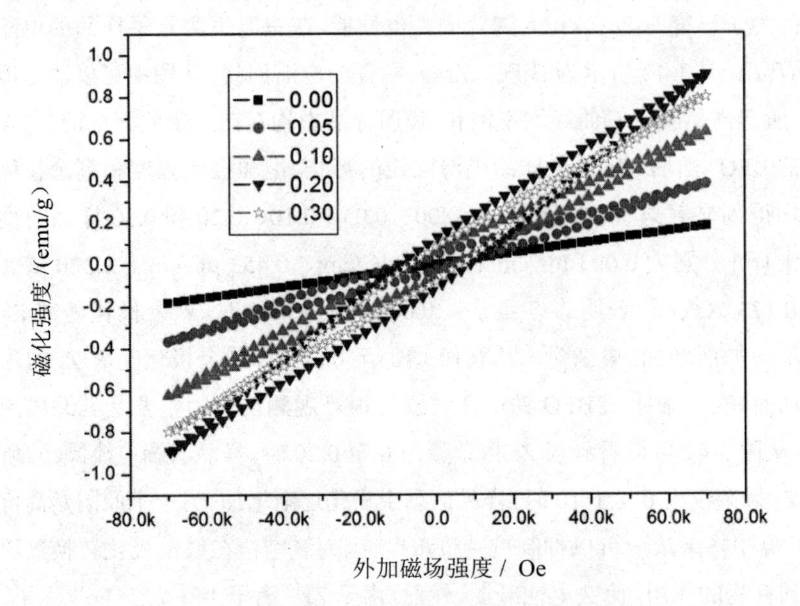

图 3-43 $BiFe_{1-x}Zr_xO_3$ 陶瓷样品的磁滞回线

为了研究 Zr 掺杂对 $BiFeO_3$ 陶瓷磁性的影响，我们对陶瓷样品进行了磁滞回线测试。图 3-43 显示的是在室温下 $BiFe_{1-x}Zr_xO_3$ 陶瓷样品在外加磁场为 70 kOe 条件下测试的不同掺杂浓度的磁滞回线。所有样品的磁化强度随着施加磁场的增加而增加，未掺 BFO 的磁化强度呈线性增长，表明其具有反铁磁性。而 Zr 掺杂样品的磁滞回线表明其具有弱铁磁性，这表明通过 Zr 的掺杂可以将 BFO 的反铁磁性转变为弱铁磁性。当掺杂量 $x=0.05$、0.10、0.20、和 0.30 时，$BiFe_{1-x}Zr_xO_3$ 陶瓷样品的剩余磁化强度 (M_r) 分别是 0.043 emu/g、0.063 emu/g、0.123 emu/g 和 0.086 emu/g，这表明了当掺杂量 x 从 0.00 增加至 0.20 时，$BiFe_{1-x}Zr_xO_3$ 陶瓷样品剩余磁化强度随 Zr 含量的增加而增加，进一步增加 Zr 含量 ($x>0.20$)，其剩余极化强度降低。$BiFe_{1-x}Zr_xO_3$ 陶瓷样品的剩余磁化强度增强有以下原因：①无磁性的 Zr^{4+} 离子插入 Fe^{3+} 反铁磁铁晶格中，打破了邻近的 Fe^{3+} 反平行排列，使磁性得以表现出来，并逐渐提高了磁矩。② Zr 掺杂改变了键长和键角，引起 BFO 晶格结构畸变，螺旋自旋调制结构被抑制甚至破坏，致使 $BiFe_{1-x}Zr_xO_3$ 的磁化强度增强。

3.7.3 总结

本实验采用快速液相烧结法合成 $BiFe_{1-x}Zr_xO_3$（$x=0.00$、0.05、0.10、0.20 和 0.30）多铁性陶瓷，采用 XRD、SEM、铁电测试仪等研究 Zr 掺杂对晶体结构、微观结构缺陷和多铁性能的影响。X 射线测试表明，Zr 掺杂消除了杂相的生成，使样品发生了结构相变。SEM 测试表明，Zr 掺杂可以抑制晶粒生长，使结构致密。漏电流的测量表明，Zr 掺杂能有效降低 BFO 的漏电流。铁电、磁性测试表明 Zr 掺杂能提高样品的铁电性和磁性，当掺杂量为 0.10 时，铁电性能最佳，当掺杂量为 0.20 时，磁性最佳。

3.8 Eu, Ti 共掺杂对铁酸铋陶瓷结构与多铁性能的影响

3.8.1 实验

以高纯试剂 Bi_2O_3（99.999%）、Eu_2O_3（99.99%）、Fe_2O_3（99.99%）和 TiO_2（99.99%）为原料，采用固相反应法结合快速液相烧结技术制备了 $Bi_{0.95}Eu_{0.05}Fe_{1-x}Ti_xO_3$（$x=0.00, 0.05, 0.10, 0.15$）（分别命名为 BEF，BEFT1，BEFT2，BEFT3）多晶陶瓷样品。各组分按照化学计量比称量（为了补偿 Bi 的挥发，Bi3% 过量），利用无水乙醇溶液作媒介，手工研磨 6 h 使氧化物充分均匀混合，在烘箱内 150 ℃下烘烤 12 h，然后在约 10 MPa 压力下将各组分的粉体干压成直径为 11 mm、厚度为 1.6 mm 的圆片样品，最后在管式炉内 850 ～ 880 ℃烧结 30 min，然后迅速取出冷却至室温，得到 $Bi_{0.95}Eu_{0.05}Fe_{1-x}Ti_xO_3$ 系列陶瓷样品。将烧结好的样品用细砂磨去表面的氧化层并用酒精清洗干净，而后焙上银胶作电极，以供样品电性能测试。

采用 D8 Advance 型 X 射线衍射仪对样品的晶体结构进行表征。采用 Renishaw 公司生产的 inVia 型拉曼光谱仪对样品的结构进行分析，激光波长为 514.5 nm。样品的形貌采用 FEI Quanta200 型扫描电子显微镜进行表征。采用安捷伦 4294A 精密阻抗分析仪进行介电性能测试，测试频率范围为

1 kHz ～ 1 MHz。利用 RT6000 型铁电仪进行铁电性能、漏电流的测量。样品的磁学性能采用 Quantum Design 型 MPMS 进行测量。

3.8.2 实验结果与讨论

图 3-44 所示为室温下 BFO、BEF、BEFT1、BEFT2 和 BEFT3 样品的 XRD 图谱。XRD 图谱中的衍射峰尖锐、清晰，说明制备样品为多晶结构且结晶良好。经 XRD 软件检索，表明本实验中制得的未掺杂 BFO 样品为菱方钙钛矿型结构，属于 R3c 空间群，同时在未掺杂 BFO 的 XRD 图谱中可以看到存在 $Bi_2Fe_4O_9$、$Bi_{25}FeO_{40}$ 等一些杂相峰，但在 BEF、BEF1、BEF2 和 BEF3 样品中没有出现这些杂相峰，这表明 Eu、Ti 离子掺杂能有效阻止杂相的生成。与未掺杂 BFO 相比，BEF 样品的主要衍射峰向大角度方向移动，同时与 BEF 样品相比，掺 Ti 的 BEF 样品的主要衍射峰也向大角度方向移动，这说明相应的离子掺入了相应的晶格位置。经检索，BEF、BEF1 样品为菱方结构，属于 R3c 空间群，与未掺杂 BFO 结构相同。但是，BEFT2、BEFT3 样品的 (104) (110)，(006) (202)，(116) (122)，(018) (300) 分别合并成了一个峰，这说明在 $x=0.10$ 处产生了结构相变，这是 Eu^{3+} (1.07×10^{-10} m) 的离子半径与 Bi^{3+} (1.17×10^{-10} m)) 的离子半径、Ti^{4+} (0.604×10^{-10} m) 的离子半径和 Fe^{3+} (0.645×10^{-10} m) 的离子半径不同所致。

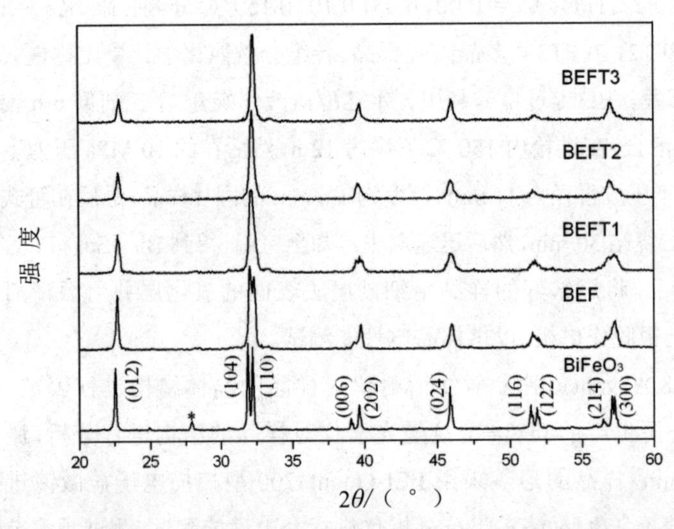

图 3-44　未掺杂 BFO、BEF、BEFT1、BEFT2 和 BEFT3 样品的 XRD 图谱

图 3-45 所示为室温下 BEF、BEFT1、BEFT2 和 BEFT3 样品在 100 ~ 700 cm^{-1} 范围内的拉曼光谱。根据空间群理论，具有 R3c 菱方扭曲钙钛矿结构的 $BiFeO_3$ 的 Raman 活性模共 13 个，可表示为 $\Gamma=4A_1+9E$。如图 3-45 所示，在 BEF 样品中总共可以观察到 7 个拉曼活性模，三个 A_1 模分别位于 130、165 和 212 cm^{-1} 附近，分别记为 A_1-1、A_1-2、A_1-3，其他四个峰均为 E 模，分别记为 E_1、E_2、E_3、E_4，模的位置与其他文献报道略有不同，这可能与烧结过程中形成的氧的缺失和内应力相关。BEFT1 样品的拉曼谱的形状与 BEF 样品相似，只是 A_1-2 模的强度略有降低，且 A、E 模向高波数端移动。因为 Ti^{4+} 离子的质量比 Fe^{3+} 小，相对较轻的 Ti^{4+} 取代 Fe^{3+} 会增加模的频率。通过拉曼光谱中模的强度和频率可以推断 BEFT1 样品与 BEF 同属菱方结构，模的频率的移动表明掺杂造成了结构扭曲。当掺杂量 x 由 0.05 增加到 0.10 时，Raman 光谱最显著的变化是 A_1-2、E_3 模消失、A_1-1 宽化并向低波数端移动、E_1 模宽化并向高波数端移动，这些变化表明在 $x=0.10$ 处产生了结构相变。其原因是 Ti^{4+} 离子的半径比 Fe^{3+} 小，Ti^{4+} 离子取代 Fe^{3+} 造成 Ti^{4+} 进入 O 八面体，增加了 B 位的扰动，进而引起结构相变。

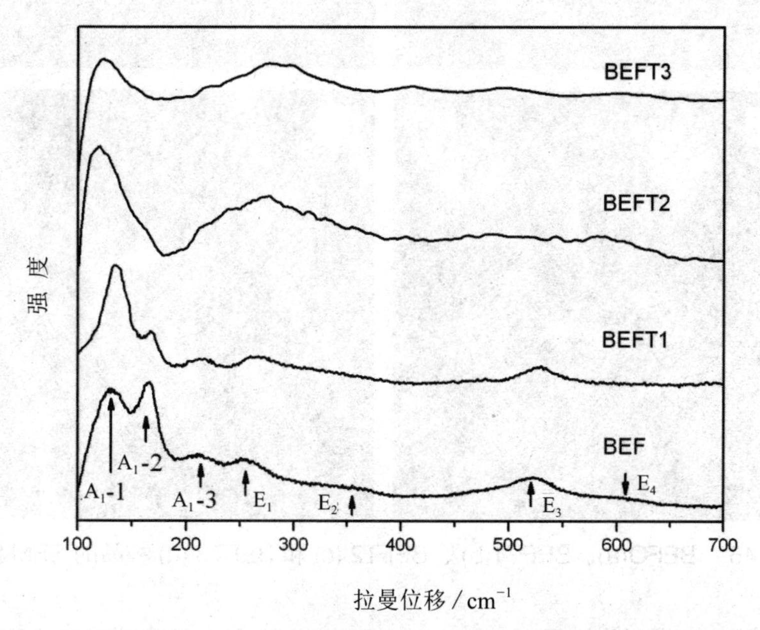

图 3-45 BEF、BEFT1、BEFT2 和 BEFT3 样品的拉曼光谱图

图 3-46 所示为所有样品的 SEM 形貌图。BEF 样品的 SEM 照片显示样品由大小不一的晶粒组成的致密的多晶样品形貌。BEFT1、BEFT2 和 BEFT3 样品的形貌较为致密、均匀。从图 3-46 可以看出，随着 Ti 离子含量的增加，样品的晶粒尺寸逐渐变小。Ti^{4+} 的价态比 Fe^{3+} 高，由于电荷补偿效应，Ti^{4+} 作为施主掺杂可以减少氧空位的形成。因为氧空位的存在可以增强氧离子的移动，进而使晶粒长大。Eu-Ti 的共掺杂可以减少氧空位的生成进而阻碍晶粒的生长。

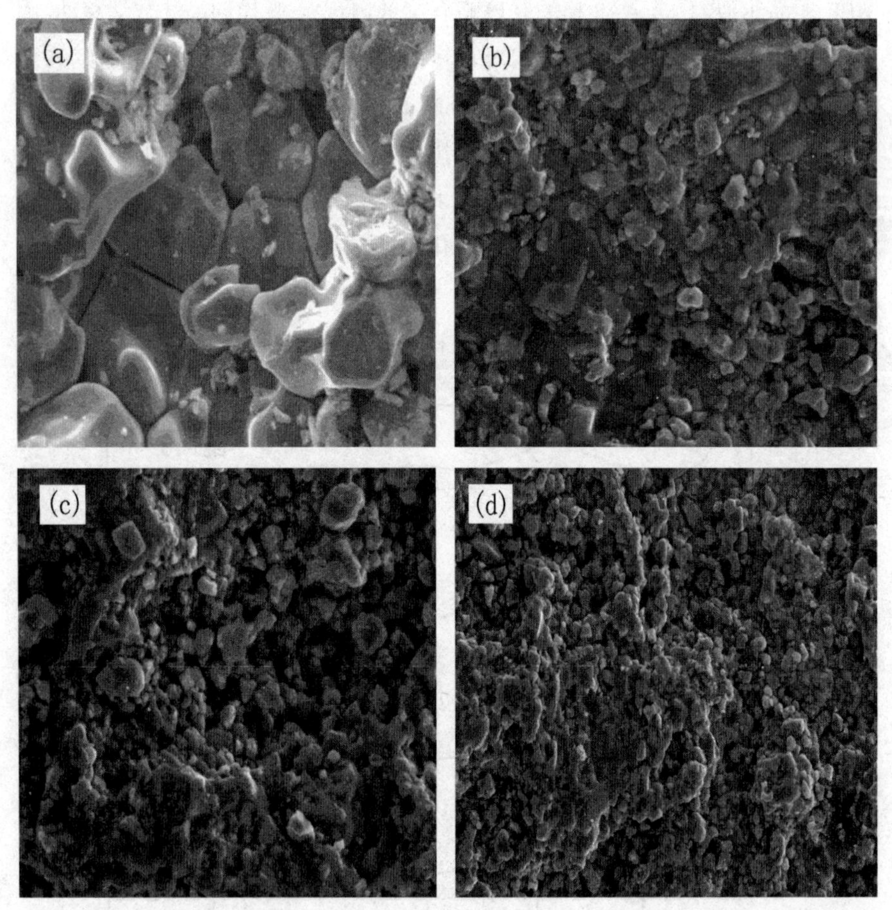

图 3-46　BEFO(a)、BEFT1(b) 、BEFT2 (c) 和 BEFT3 (d) 样品的 SEM 照片

图 3-47 所示为室温下 BEF、BEFT1、BEFT2 和 BEFT3 样品的 *J-E* 特征图。从图中可以看出与 BEF 相比，共掺杂可以明显地降低漏电流的密度。在 2.5

kV/cm 测试电压下，BEF、BEFT1、BEFT2 和BEFT3 样品的漏电流密度分别为 1.10×10^{-4} A/cm^2、3.67×10^{-5} A/cm^2、2.12×10^{-5} A/cm^2 和 1.69×10^{-5} A/cm^2。具有较高价态的 Ti^{4+} 掺杂可以有效减小氧空位的浓度，进而降低材料的漏电流。

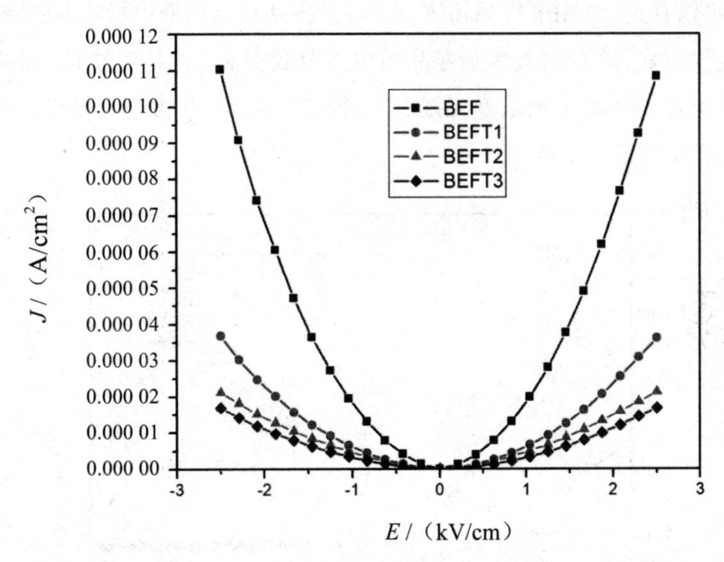

图 3-47 BEF、BEFT1、BEFT2 和 BEFT3 样品的漏电流与测试电场的关系图

图 3-48 所示为室温下所有样品的介电常数、介电损耗随频率的变化关系图。由图可以看出所有样品的介电常数、介电损耗在 100 Hz ～ 1 MHz 范围内均随频率的增加而降低，在高频波段内基本保持不变，介电常数与损耗随频率的变化可以用偶极子弛豫来解释，在低频下，偶极子能随着频率在外加电压下翻转，而在高频下，偶极子来不及在外加电压下翻转，从而使介电常数随着频率的增加而减小。从图 3-48 可以看出，不同的样品具有不同的色散特征，BEF 样品的介电常数、损耗随频率的变化比较显著。Bi 挥发及 Fe^{3+} 转化为 Fe^{2+} 使样品中形成了大量的氧空位，氧空位等空间极化对 BEF 样品的低频介电常数有贡献，使样品的低频介电常数较高。但是，Eu-Ti 共掺杂可以抑制这种现象，减小介电性能的频率依赖。如图 3-48 所示，共掺杂样品的介电性能的频率稳定性更好，具有较小有效质量的电子位移极化、铁电畴等取代具有较大有效质量的空间电荷极化等，成为介电常数的主要贡献。同时可以看到，随着 Ti 掺杂量的增加，样品的介电常数逐渐增加，BEFT3 样品的最大。

其原因主要有以下几个方面：① Ti^{4+} 作为施主掺杂可以减少氧空位及 Fe^{2+} 离子的浓度，进而降低样品的漏电流；②由于 Ti^{4+} 半径比 Fe^{3+} 小，Ti^{4+} 取代 Fe^{3+} 进入氧八面体，其获得的极化振动空间比 Fe^{3+} 更大，因此极化强度增强。由图 3-48（b）可以看到，与 BEF 样品相比，Eu-Ti 共掺杂样品的介电损耗得到降低，频率稳定性更好，这表明共掺杂样品的电阻得到提高，这主要与 Ti^{4+} 掺杂引起的氧空位及 Fe^{2+} 离子的浓度降低有关。因此，Eu-Ti 共掺杂可以提高样品的介电性能及电阻。

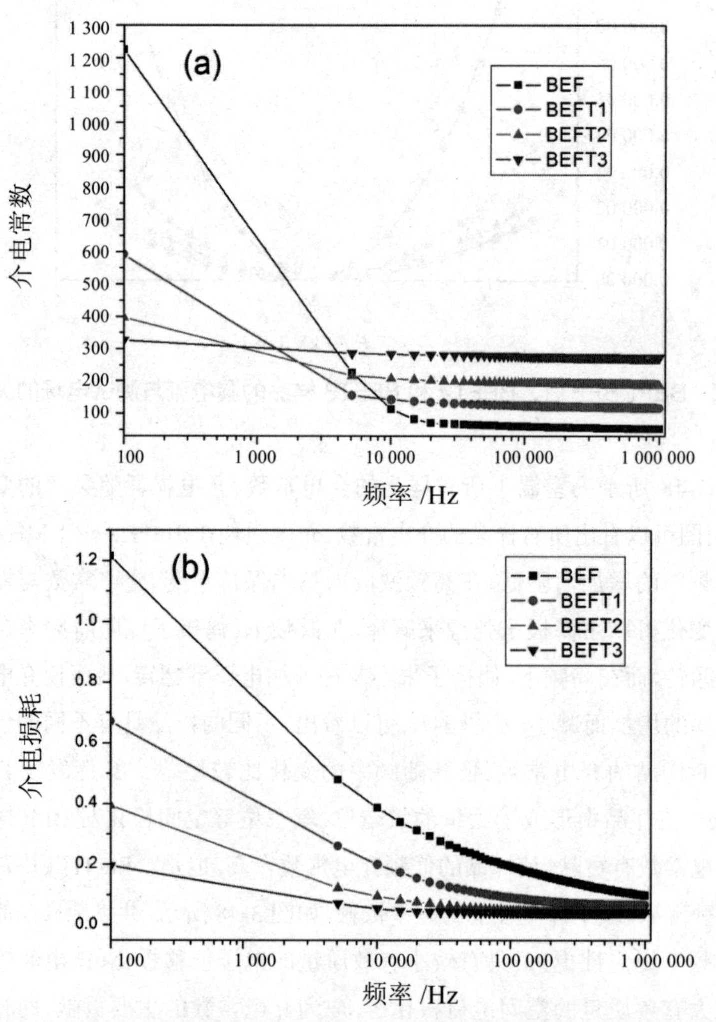

图 3-48　室温下 BEF、BEFT1、BEFT2 和 BEFT3 样品的介电常数 (a) 和介电损耗 (b) 随频率的变化图

图 3-49 所示为室温下 BEF、BEFT1、BEFT2 和BEFT3 样品的电滞回线图。BEF 样品由于具有较大的漏电流，电滞回线变圆，漏电流较大的原因主要是氧空位及铁的价态波动引起的电传导。Eu-Ti 共掺样品具有铁电性特征，随着 Ti 掺杂的增加，样品具有更典型的电滞回线特征，这表明样品的漏电流显著减小，铁电性逐渐显现出来。BEFT1、BEFT2 和 BEFT3 样品的剩余极化强度 ($2P_r$) 分别增加到 0.096、0.337 和0.562 μC/cm²。铁电测试结果与介电测试结果一致，其原因均是 Ti 掺杂降低氧空位和 Fe^{2+} 的浓度。

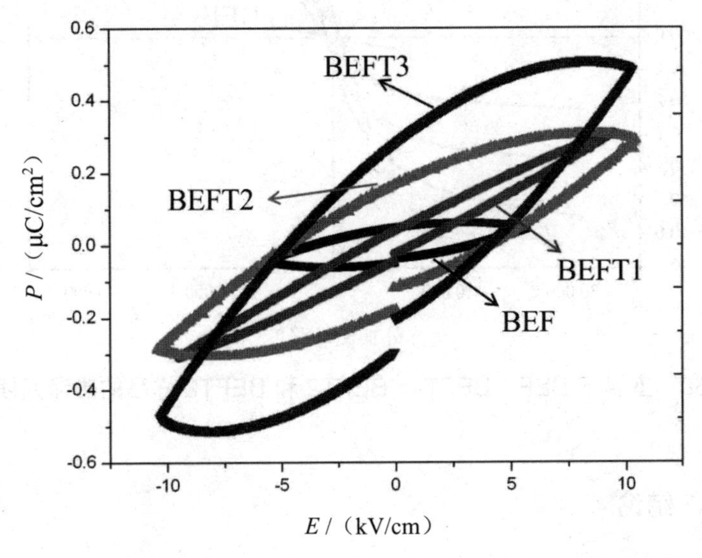

图 3-49　室温下 BEF、BEFT1、BEFT2 和 BEFT3 样品的电滞回线图

图 3-50 所示为室温下所有样品在 20 kOe 磁场下的磁滞回线图。从图中可以看到一个显著的变化，样品的磁滞回线由线性变为具有一定面积的磁滞回线的 *M-H* 曲线。BEF 样品的磁化强度随磁场为线性变化，这表明少量的 Eu 掺杂对改善样品磁性的作用不大。Eu-Ti 共掺样品具有弱铁磁性特征，这表明 Eu-Ti 共掺可以使样品由反铁磁性转变为弱铁磁性。BEFT1、BEFT2 和 BEFT3 样品的饱和磁化强度分别为 0.219 emu/g、0.381 emu/g 和 0.547 emu/g，剩余磁化强度分别为 0.036 emu/g、0.047 emu/g 和 0.075emu/g。这意味着样品的饱和磁化强度、剩余磁化强度均随 Ti 掺杂（0.05 ～ 0.15）的增加而增加。磁性增强的原因是由于 Eu^{3+}、Ti^{4+} 均比 Bi^{3+}、Fe^{3+} 离子半径小，共

掺杂造成晶格扭曲，使 BFO 螺旋自旋结构得到抑制，持续的共掺杂使样品螺旋自旋结构受到破坏，进而释放被禁锢的磁性，使样品的磁性增强。

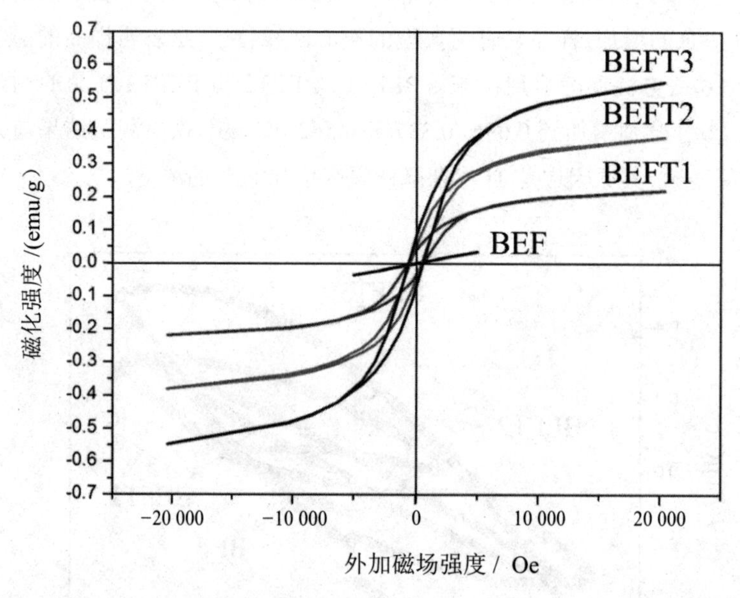

图 3-50 室温下 BEF、BEFT1、BEFT2 和 BEFT3 样品的磁滞回线图

3.8.3 结论

本书采用固相反应法结合快速液相烧结技术制备了 $Bi_{0.95}Eu_{0.05}Fe_{1-x}Ti_xO_3$ 系列陶瓷样品。XRD 图谱显示 Eu-Ti 共掺杂样品具有单相结构。XRD、Raman 光谱结果表明在 $x=0.10$ 处样品产生了结构相变。SEM 测试显示共掺杂可以明显地降低晶粒尺寸。电学性能测试结果表明共掺杂可以提高样品的介电和铁电性能，其原因是共掺杂能抑制低氧空位的生成。Ti 掺杂可以明显减小样品的低频下介电常数和损耗的色散，提高其频率稳定性。Eu-Ti 共掺杂能够破坏 BFO 空间调制的螺旋自旋磁结构、引起内在的结构扭曲，因此提高了样品的磁学性能。Eu-Ti 共掺杂可以显著提高 BFO 的介电、铁电和磁学性能，有利于该材料在多铁性器件的应用。

3.9 $BaTiO_3$ 掺杂对铁酸铋的结构与电磁性能的影响研究

3.9.1 实验

以高纯度 Bi_2O_3 (99.999%，质量分数，下同)、Fe_2O_3 (99.99%)、$BaCO_3$ (99.99%)和 TiO_2 (99.99%) 为原料，采用固相反应法制备 (1−x)$BiFeO_3$-$x$$BaTiO_3$（$x$＝0.10，0.20，0.30，0.40）系列陶瓷样品。各组分按照化学计量比称量，利用无水乙醇溶液作媒介研磨 6 h，在烘箱内烘干，之后将粉体在管式炉内 750 ℃温度下预烧 4 h，然后在约 10 MPa 压力下将各组分的粉体干压成直径为 11 mm、厚度为 1 mm 的圆片样品，最后在管式炉内 850 ～ 960 ℃烧结 3 h，取出迅速冷却至室温，得到 (1−x)$BiFeO_3$-$x$$BaTiO_3$ 系列陶瓷样品。

采用 Bruke D8 型 X 射线衍射仪（X-raydiffraction，XRD）对样品的晶体结构进行测试。为测量样品的电学特性，用细砂纸磨去样品表面氧化层并用酒精清洗，在上下表面被覆银电极。在室温下，采用 Agilent 4294 A 型精密阻抗分析仪测量样品的介电特性，测量频率范围为 100 Hz ～ 1 MHz，测量精度为 1%；采用 RT 6000 型铁电测试仪对样品的漏电流、铁电性能进行测试。样品的磁学性能采用 Quantum Design 型 MPMS 进行测量。

3.9.2 结果与分析

图 3-51 为不同 $BaTiO_3$ (BTO) 含量的 (1−x)$BiFeO_3$-$x$$BaTiO_3$ 陶瓷样品的 XRD 图谱，从图中可以看出样品具有多晶结构，结晶性良好。与标准 X 射线粉末衍射卡片 (JCPDS 72-2493) 对比可知，未掺杂 $BiFeO_3$ (BFO) 样品的结构为钙钛矿型三方晶系，在 $2\theta \approx 28°$，30°，33° 处存在 $Bi_2Fe_4O_9$ 等杂相。由图 3-51 可以看出，随着 BTO 含量 x 的增加，32° 附近的 (104)、(110)，39° 附近的 (006)、(202)，51° 附近的 (116)、(122)，57° 附近的 (018)、(300) 劈裂衍射峰逐渐消失，发生合并，这说明样品的结构逐渐由三方结构向立方结构转变，这可能是由于 Ba^{2+} 离子的半径 (135 pm) 大于 Bi^{3+} 离子 (108 pm)，Ti^{4+} 离子的半径 (68 pm) 同样大于 Fe^{3+} 离子 (64 pm)，二者在 A、B 位的替代

导致固溶体系的晶格参数、晶胞体积增加，进而导致相结构发生转变；28° 附近的杂相峰随着 BTO 含量 x 的增加逐渐减小甚至消失，这归因于 BTO 的加入能够促进 BFO 的生成，抑制杂相的产生；22.5° 附近的（012）峰的强度随着 BTO 含量的增加逐渐变弱，半峰宽逐渐增大，说明 BTO 的掺入使样品的晶粒尺寸相对减小。

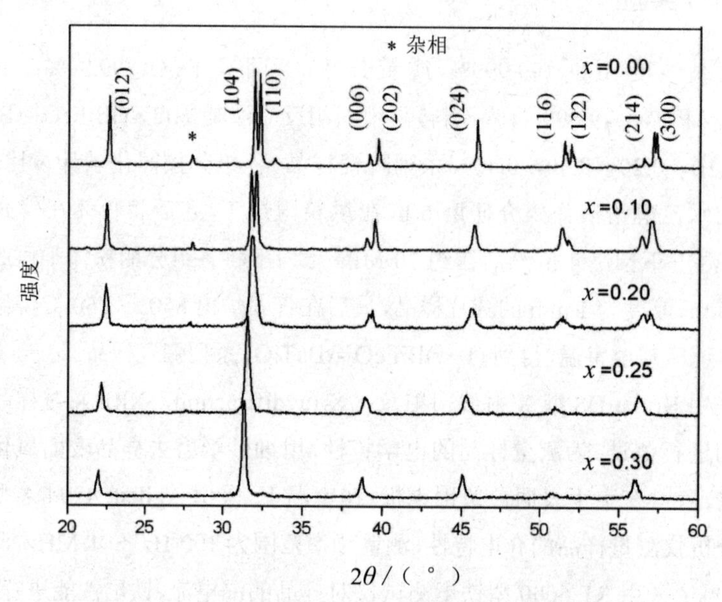

图 3-51 $(1-x)BiFeO_3$-$xBaTiO_3$ 样品的 XRD 图谱

图 3-52 所示为不同 BTO 含量的 $(1-x)BiFeO_3$-$xBaTiO_3$ 陶瓷样品的 SEM 形貌图。从图中可以明显地看出，随着 BTO 含量的增加，样品的晶粒逐渐变小，晶粒的大小变得更为均匀，这与 XRD 的分析结果一致。表明 BTO 的掺入能够抑制 BFO 晶粒的生长。其原因可能是 BTO 的掺入减少了氧空位的产生，减慢了阳离子的移动。Ti^{4+} 离子作为高价掺杂，由于电荷补偿效应，会抑制氧空位的生成。另外，Ba—O 键的强度高于 Bi—O 键，Ba 替代 Bi 能够稳定 BFO 的钙钛矿结构，减少 Bi 挥发，降低氧空位浓度。

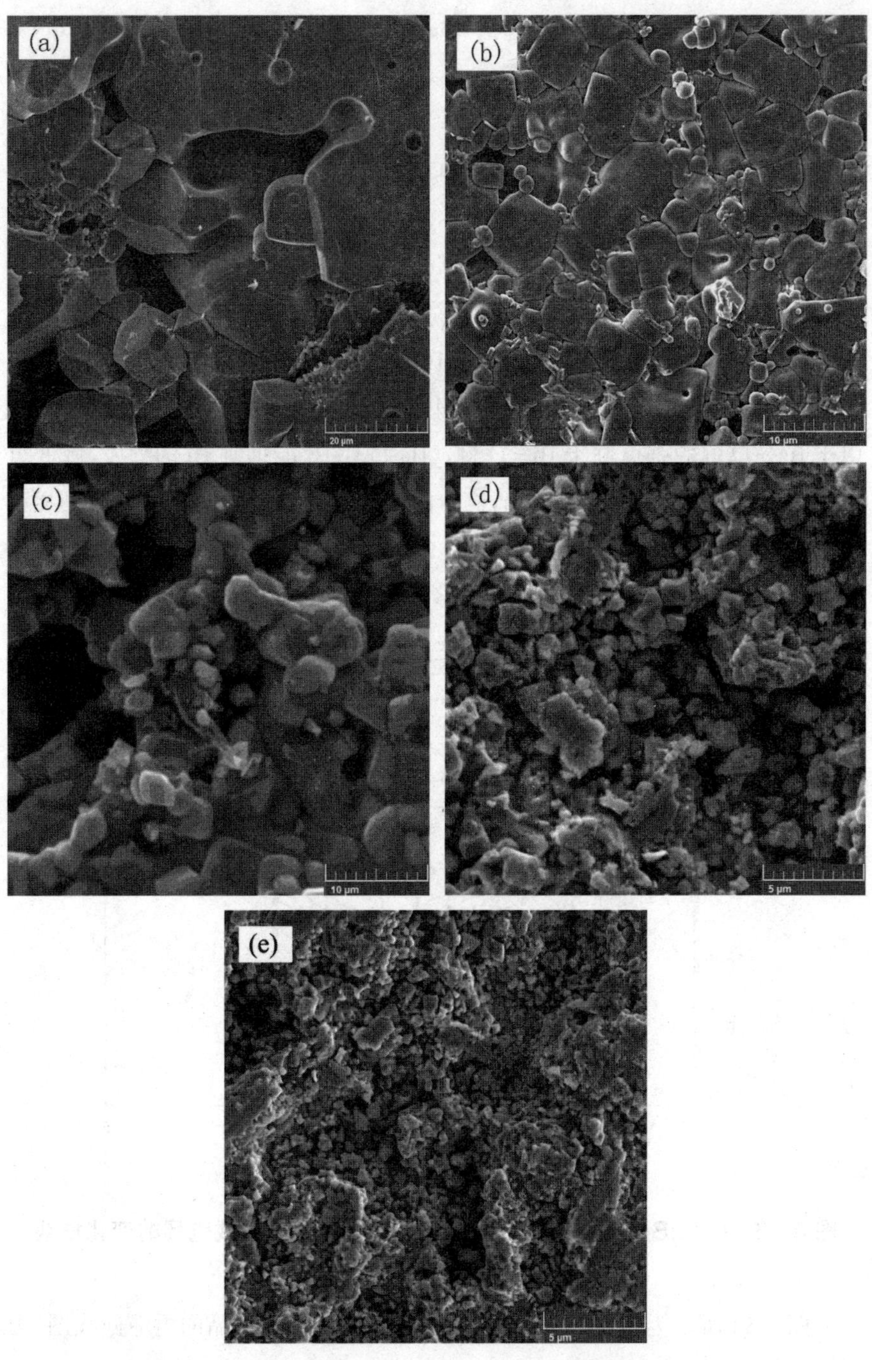

图 3-52　$(1-x)BiFeO_3$-$xBaTiO_3$ 陶瓷的 SEM 形貌

(a) $x=0.00$；(b) $x=0.10$；(c) $x=0.20$；(d) $x=0.25$；(e) $x=0.30$

图 3-53 为室温下 (1−x)$BiFeO_3$-$x$$BaTiO_3$ 陶瓷样品的的电流密度（J）随测试电场（E）的变化曲线。从图中可以看出，电流密度随电场的增加而增加，J-E 曲线在正负测试电场下具有较好的对称性；在相同的测试电场下，未掺杂 BFO 样品具有较大漏电流，(1−x)$BiFeO_3$-$x$$BaTiO_3$ 陶瓷样品的漏电流小于未掺杂 BFO 样品。在 3 kV/cm 测试电场下，x＝0.00、0.10、0.20、0.25、0.30 样品的漏电流密度分别为 2.08×10^{-5} A/cm^2、1.71×10^{-6} A/cm^2、5.90×10^{-7} A/cm^2、2.39×10^{-7} A/cm^2 和 1.32×10^{-7} A/cm^2，由此可见 BTO 的掺入可以有效地减小 BFO 的漏电流，并且漏电流随着 BTO 含量的增加而减小。BFO 中漏电流高的原因是高温烧结过程中 Bi 挥发引起的氧空位、杂相和 Fe^{2+} 离子的产生。由于 Ba—O 键的强度高于 Bi—O 键，Ba 替代 Bi 能抑制 Bi 的挥发，降低氧空位和 Fe^{2+} 离子浓度；另一方面，高价的 Ti^{4+} 替代 Fe^{3+}，作为施主掺杂同样可以减少氧空位和 Fe^{2+} 离子；第三，BTO 的掺入减少了 BFO 材料中的杂相（如图 3-51 所示）。因此，BTO 的掺杂能够降低 BFO 的漏电流。

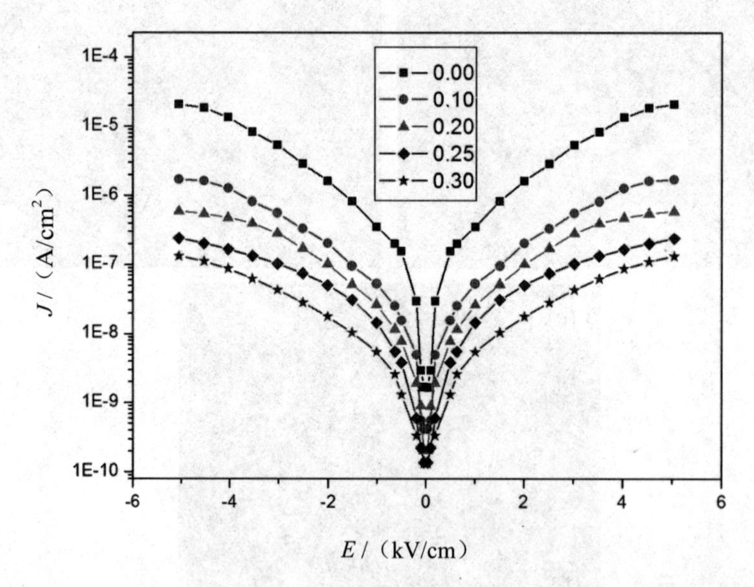

图 3-53　(1−x)$BiFeO_3$-$x$$BaTiO_3$ 样品的电流密度随测试电场的变化曲线

图 3-54 所示为室温下 (1−x)$BiFeO_3$-$x$$BaTiO_3$ 陶瓷样品的电滞回线图。由图可以看出，BTO 掺杂改变了 BFO 样品的电滞回线的形状。未掺杂 BFO 由于具有较小的击穿电场，所以其最大测试电场为 15 kV，而 BTO 掺杂样品的

最大测试电场为 30 kV。由于漏电流的存在和极化的部分反转，所有样品的电滞回线均不饱和，但是BTO的掺入明显提高了BFO的铁电性。$x=0.00$、0.10、0.20、0.25、0.30 样品的剩余极化强度分别为 0.083 μC/cm^{-2}、0.704 μC/cm^{2}、1.131 μC/cm^{2}、1.598 μC/cm^{2}、1.989 μC/cm^{2}。结果表明 BTO 掺杂可以提高 BFO 的铁电性和实现可观的极化。在 BFO 陶瓷材料中，由于具有较大漏电流，无法获得饱和的电滞回线。BTO 的掺入，一方面能够促进 BFO 的生成，减少杂相、氧空位、Fe^{2+} 离子的生成，增加材料的电阻率，抑制漏电流的产生（如图 3-53 所示），使更多的电畴参与极化反转，提高 $(1-x)BiFeO_3$-$xBaTiO_3$ 陶瓷的剩余极化；另一方面，Ba^{2+} 和 Ti^{4+} 在 Bi 位和 Fe 位的替代在一定程度上能够抑制甚至破坏 BFO 的空间自旋螺旋结构，提高 BFO 的磁学性能及磁电耦合效应，进而能够提高 BFO 材料的铁电性能；第三，BTO 掺杂抑制了氧空位的产生，因为氧空位经常在畴界处聚集，引起电畴钉扎，减弱剩余极化强度。由于 BTO 的掺入使 BFO 的电阻增强、漏电流减小，更多的电畴参与极化反转，所以 BTO 的掺入使固溶体的矫顽场增强。

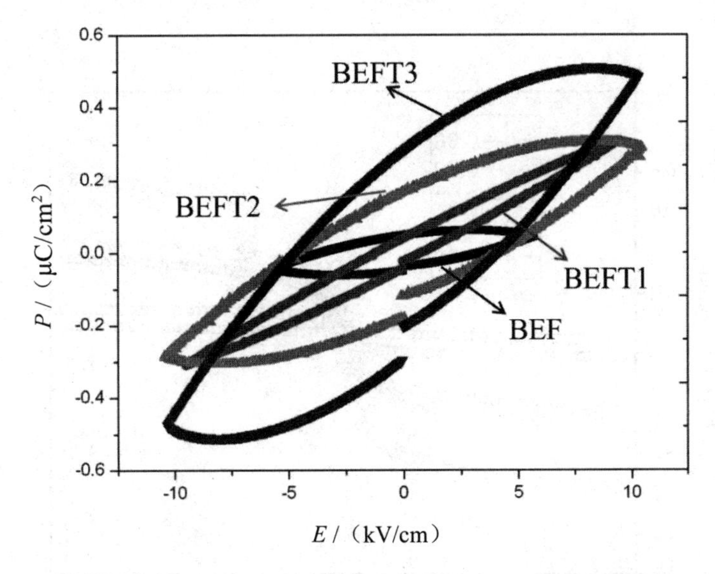

图 3-54 $(1-x)BiFeO_3$-$xBaTiO_3$ 样品电滞回线图

图 3-55 为 $(1-x)BiFeO_3$-$xBaTiO_3$ 样品室温下磁滞回线图，测试磁场为 20 kOe。未掺杂 BFO 样品的磁化强度对测试磁场展现出线性行为，表明 BFO

为反铁磁特征。但是，BTO 掺杂样品典型的磁滞回线，显示出铁磁有序和弱磁化特征。这表明由于 BTO 的掺入，BFO 由反铁磁性转变为弱铁磁性。BTO 掺杂样品出现磁滞回线的原因首先是 BTO 掺杂引起了 BFO 结构扭曲、改变了 Fe—O 的键角，抑制了螺旋自旋的磁结构。众所周知，BFO 为螺旋自旋的周期调制的磁结构，其宏观磁性接近为零；BTO 掺杂 BFO 中，由于 Ba 替代 Bi、Ti 替代 Fe 会抑制其螺旋自旋的周期调制的磁结构，释放禁锢的磁性；另一方面，非磁性的 Ti^{4+} 替代磁性的 Fe^{3+}，打破了 Fe^{3+} 自旋晶格间的反平行排列，邻近的磁矩不能被抵消，因此，BTO 掺杂能提高 BFO 的磁性。$x=0.10$、0.20、0.25、0.30 样品的饱和磁化强度分别为 0.121 emu/g、0.442 emu/g、0.770 emu/g、0.374 emu/g；$x=0.10$、0.20、0.25、0.30 样品的剩余磁化强度分别为 0.042 emu/g、0.155 emu/g、0.269 emu/g、0.140 emu/g。表明当 BTO 掺杂量由 0.00 增加到 0.25 时，样品的饱和与剩余磁化强度随掺杂量的增加而增加，而后随掺杂量的增加而减小。$x=0.30$ 样品磁性减弱的原因可能是 BTO 浓度的增加减少了 Fe^{3+} 离子的浓度。$x=0.25$ 是通过 BTO 掺杂增强 BFO 磁性的最佳掺杂浓度。

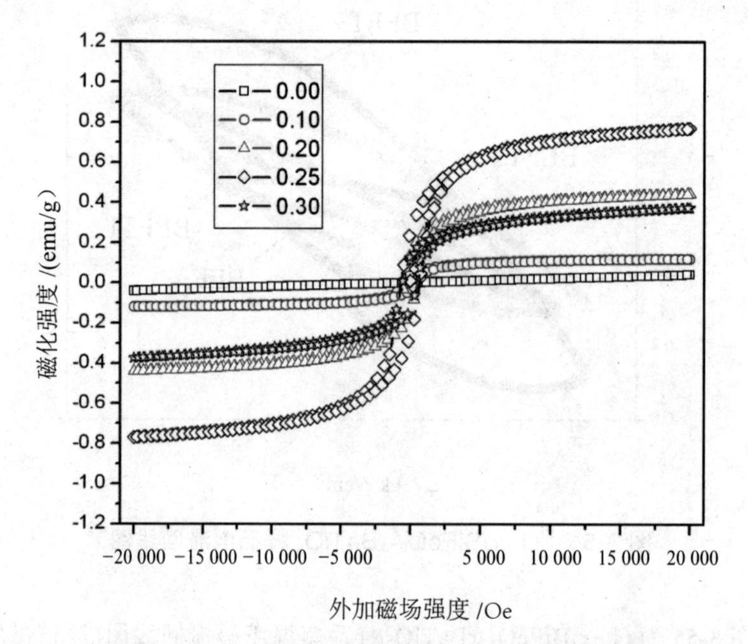

图 3-55 $(1-x)BiFeO_3$-$xBaTiO_3$ 样品磁滞回线图

3.9.3 结论

本书采用固相反应法制备 $(1-x)BiFeO_3$-$xBaTiO_3$（$x=0.00\sim0.30$）系列陶瓷样品。采用 XRD、铁电测试仪、阻抗分析仪对样品的晶体结构及电学性能进行了测试分析，得到了以下的结论。

（1）X 射线衍射结果表明：所制备的陶瓷样品具有较好的结晶度，BTO 的掺入有效地减少了样品中杂相的含量，BTO 的掺入使样品的结构逐渐由三方结构向立方结构转变。

（2）漏电流测试表明：BTO 的掺入能有效地减小 BFO 的漏电流。

（3）铁电测量表明：BFO-BTO 固溶体系的剩余极化随着 BTO 含量的增加而增大。

（4）磁性测量表明：BFO-BTO 固溶体系的磁性随着 BTO 含量的增加先增加后减小，$x=0.25$ 样品的磁性最佳。

3.10 $CaCu_3Ti_4O_{12}$ 掺杂对铁酸铋微结构与性能的影响

3.10.1 实验

以高纯度 Bi_2O_3 (99.999%，质量分数，下同)、Fe_2O_3 (99.99%) 为原料，采用固相反应法结合快速液相烧结技术制备 $BiFeO_3$ 粉体；以高纯度 $CaCO_3$ (99.99%)、CuO (99.99%) 和 TiO_2 (99.99%) 为原料，采用固相反应法制备 $CaCu_3Ti_4O_{12}$（CCTO）。以 $BiFeO_3$、$CaCu_3Ti_4O_{12}$ 粉体为原料，制备 $(1-x)BiFeO_3$-$xCaCu_3Ti_4O_{12}$（$x=0.00$、0.05、0.10、0.15）系列陶瓷样品。各组分按照化学计量比称量，利用无水乙醇溶液作媒介研磨 6 h，在烘箱内烘干，之后将粉体在管式炉内 750 ℃温度下预烧 4 h，然后在约 10 MPa 压力下将各组分的粉体干压成直径为 11 mm、的厚度为 1 mm 的圆片样品，最后在管式炉内 870 ℃烧结 0.5 h，取出迅速冷却至室温，得到 $(1-x)BiFeO_3$-$xCaCu_3Ti_4O_{12}$ 系列陶瓷样品。

采用 Bruke D8 型 X 射线衍射仪（X-ray diffraction，XRD）对样品的晶体结构进行测试。在室温下，采用 Agilent 4294 A 型精密阻抗分析仪测量样品的介电特性，测量频率范围为 100 Hz ～ 1 MHz，测量精度为 1%。样品的磁学性能采用 Quantum Design 型 MPMS 进行测量。

3.10.2 实验结果与讨论

图 3-56 为 (1−*x*)BFO-*x*CCTO 样品的 XRD 图谱。多个衍射峰说明样品具有多晶结构，较高的强度、较尖锐的峰表明样品结晶性良好。未掺杂 $BiFeO_3$ (BFO) 样品的结构为扭曲菱方钙钛矿结构，在 $2\theta\approx28°$，30°，33° 处存在 $Bi_2Fe_4O_9$ 等杂相。随着掺杂量的增加，杂相峰的强度逐渐减弱，当 CCTO 掺杂量高于 0.10 时，杂相峰基本消失，表明 CCTO 掺杂有助于消除 BFO 中的杂相。同时可以看到，当掺杂量由 0.00 增加到 0.15 时，主要的衍射峰向低角度方向偏移，表明 CCTO 掺杂引起了结构扭曲，且扭曲度随掺杂量的增加而增大；CCTO 完全与 BFO 形成了固溶体，并引起晶格膨胀。

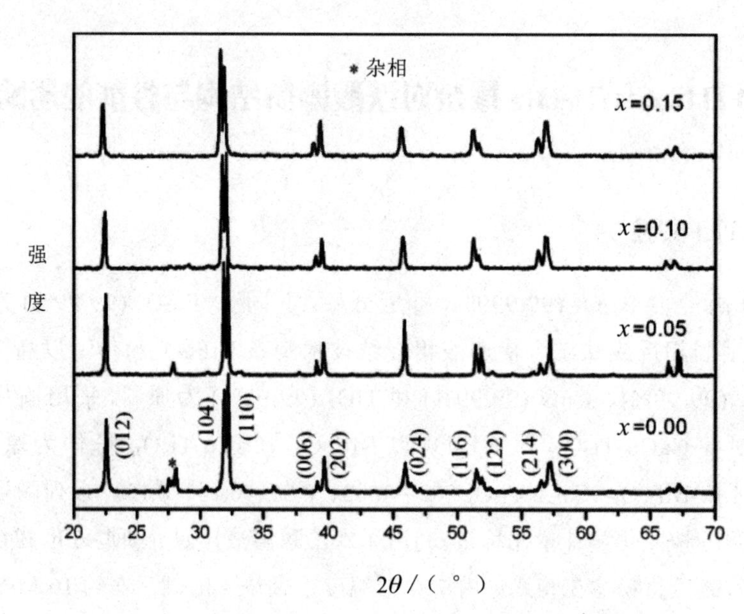

图 3-56　(1−*x*)BFO-*x*CCTO 样品的 XRD 图谱

图 3-57 为室温下 (1−*x*)BFO-*x*CCTO 陶瓷样品的电流密度（*J*）随测试

电场（E）的变化曲线。图中漏电流密度随外加电场的增加而增加，J-E 曲线在外加电场下具有较好的对称性；在相同的测试电场下，未掺杂 BFO 样品具有较大的漏电流，CCTO 掺杂 BFO 陶瓷的漏电流明显小于未掺杂 BFO 样品。在 5 kV/cm 测试电场下，$x=0.15$ 样品的漏电流密度分别为 2.5×10^{-5} A/cm^{-2}，比未掺杂样品小一个数量级。众所周知，BFO 中漏电流高的原因是高温烧结过程中 Bi 挥发引起的氧空位、杂相和 Fe^{2+} 离子的产生。CCTO 掺杂样品中，由于 Ti^{4+} 价态高于 Fe^{3+}，Ti^{4+} 替代 Fe^{3+} 所需电荷平衡可以通过减少氧空位和 Fe^{2+} 离子来实现；同时 CCTO 掺杂减小了 BFO 材料中的杂相。因此，CCTO 掺杂能够降低 BFO 的漏电流。

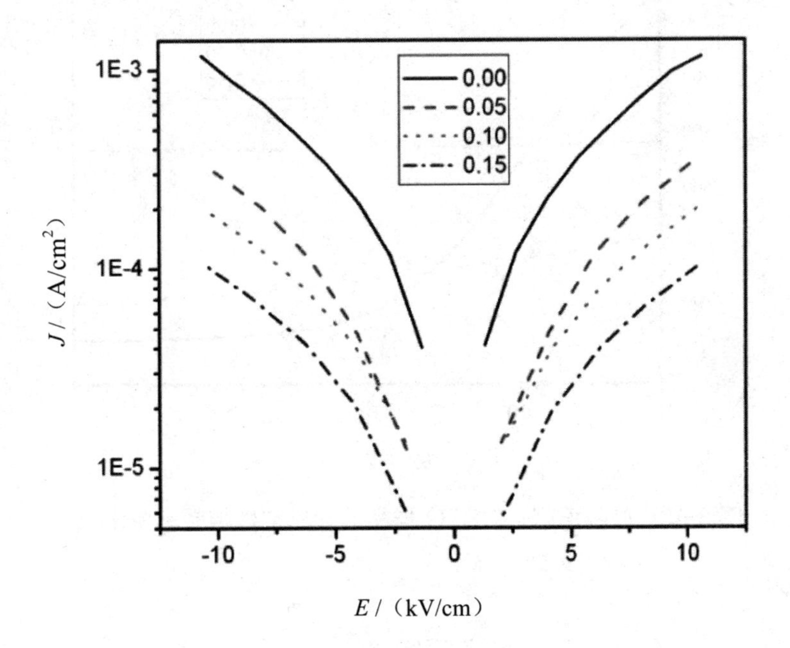

图 3-57　(1−x)BFO-xCCTO 样品的 J–E 曲线

图 3-58 为 (1−x)BFO-xCCTO 样品的介电常数随测试频率的变化图。图中显示 CCTO 掺杂可以提高 BFO 的频率稳定性，同时增加高频下的介电常数。测试频率为 1 MHz 时，$x=0.15$ 样品的介电常数为 736.9，是未掺杂样品（53.9）的 13.7 倍。其介电常数增加的原因是 CCTO 材料本身为巨介电材

料，CCTO 与 BFO 的复合会增加 BFO 的介电常数，同时 CCTO 掺杂引起了 BFO 的结构扭曲，进而增加样品的介电常数。图 3-59 为 (1−x)BFO-xCCTO 样品的介电损耗随测试频率的变化图。图中显示 CCTO 掺杂增加了 BFO 介电损耗的频率稳定性，并大幅度降低其介电损耗。其原因可能是 CCTO 材料本身介电损耗较小，且 CCTO 掺杂有助于消除 BFO 中杂相、降低漏电流。因此，CCTO 掺杂能提高 BFO 材料的介电性能的频率稳定性，并提高介电常数、降低介电损耗。

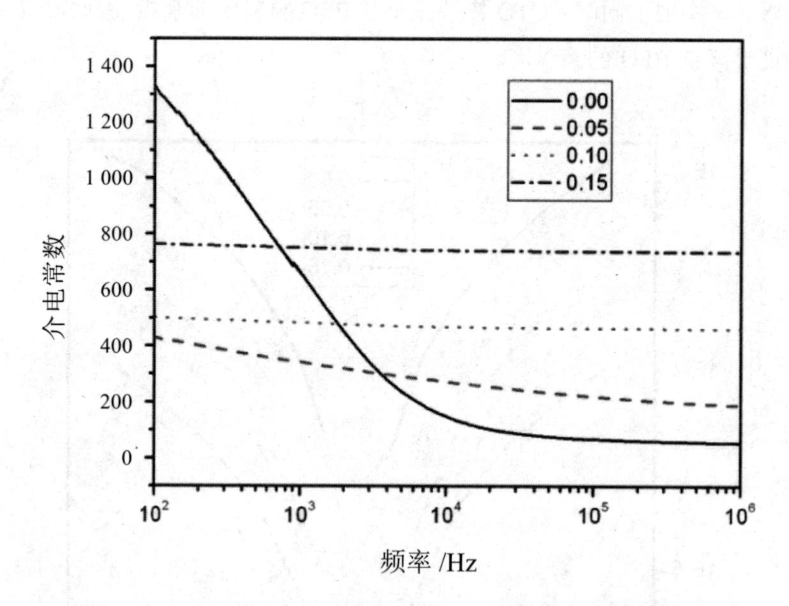

图 3-58　(1−x)BFO-xCCTO 样品的介电常数随频率变化图

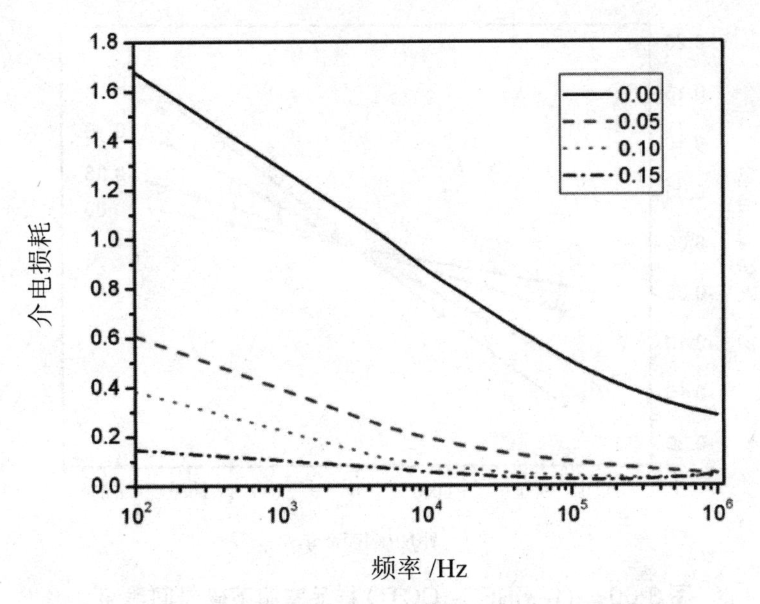

图 3-59　(1 − x)BFO-xCCTO 样品的介电损耗随频率变化图

图 3-60 为所有样品室温下磁滞回线图。所有样品的磁化强度随磁场强度的增加近似线性变化，表明 CCTO 掺杂未能改变 BFO 反铁磁特性，但掺杂样品出现了小的剩余磁化强度，说明 CCTO 掺杂能在一定程度上提高其磁性。

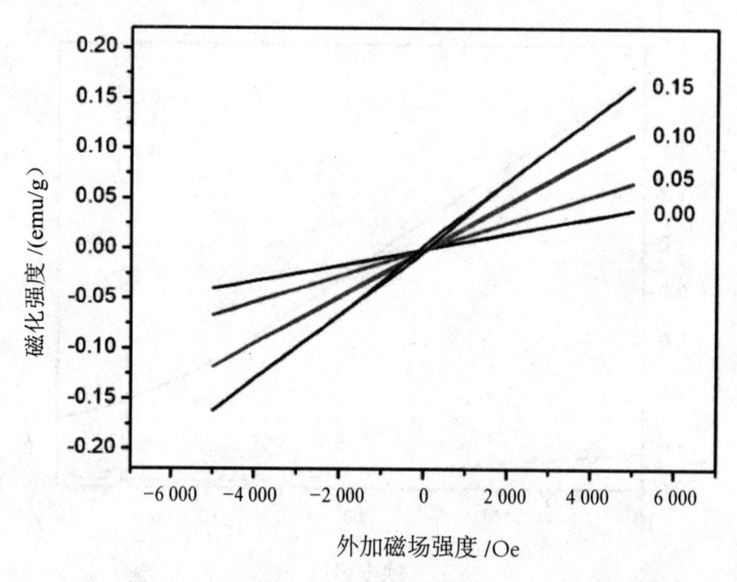

图 3-60 (1−*x*)BFO-*x*CCTO 样品室温下磁滞回线图

3.10.3 小结

采用固相反应法制备了 $(1-x)BiFeO_3$-$xCaCu_3Ti_4O_{12}$ 系列样品，研究了 CCTO 掺杂对 BFO 结构与性能的影响。结果显示，CCTO 掺杂有效减少杂相，并引起结构扭曲。电磁性能测试表明，CCTO 掺杂能有效地减小 BFO 的漏电流、提高其介电常数并降低介电损耗；虽然 CCTO 掺杂能在一定程度上提高 BFO 磁性，但整体而言，CCTO 掺杂对 BFO 的磁性影响不大，CCTO 掺杂样品仍表现为反铁磁特征。

第四章　总结

多铁材料展示出丰富的物理内涵和广泛的应用前景，使其在电子器件微型化、多功能化等诸多领域存在巨大的应用前景。本专著主要介绍了铁酸铋（$BiFeO_3$，简写 BFO）的结构、性能、改性和制备方法，并利用固相反应法结合快速液相烧结技术、溶胶 - 凝胶法制备 BFO 基系列多铁陶瓷样品，通过改变制备工艺（烧结气氛、烧结温度）、离子替代掺杂（Sm、Eu、Ni、Mn、Zr、Eu-Ti）、钙钛矿结构介电 / 铁电材料复合（$BaTiO_3$、$CaCu_3Ti_4O_{12}$），结合多种技术手段研究了 BFO 基系列陶瓷样品微观结构的变化及其对体系电磁性能的影响，主要结论有以下几个方面。

（1）研究烧结气氛、烧结温度等制备工艺对 BFO 体系微观结构及磁性能的影响。选取不同的烧结气氛（氮气、空气、氧气）、烧结温度（850℃、870 ℃、890 ℃）制备系列 BFO 陶瓷样品。实验发现烧结气氛对 BFO 样品的微结构和电学性能具有重要影响，N_2 中烧结有助于提高样品的结晶度、消除杂相，同时 N_2 中烧结的样品具有较少的 Fe^{2+} 和较多的氧空位，因此能有效地减小 BFO 的漏电流和介电损耗，并提高其介电常数、铁电性；经分析，Fe^{2+} 含量是影响 BFO 漏电流的主要原因。烧结温度对 BFO 的影响研究发现：850 ℃、870 °C 下制备的样品具有单相结构，而 890 °C 下制备的样品再次出现杂相；烧结温度的提高有助于提高样品的结晶性、增大晶粒尺寸，870 °C 制备的样品的致密度最好；870 °C 时电学性能最优，890 °C 时磁性最佳。

（2）研究离子掺杂对 BFO 体系微观结构及磁性能的影响。选取 Sm^{3+}、

Eu^{3+} 进行 Bi^{3+} 位掺杂，Ni^{2+}、Mn^{4+}、Zr^{4+} 进行 Fe^{3+} 位掺杂，Eu-Ti 进行 Bi-Fe 位共掺杂，制备了 BFO 系列陶瓷样品，利用正电子湮没技术对实验样品的缺陷类型及浓度、局域电子密度等微结构信息进行测试。结果表明，适量 Sm、Eu 掺杂能有效消除杂相、引起结构相变，同时 Sm、Eu 掺杂能够抑制晶粒生长；电学性能测试表明，Sm、Eu 掺杂能明显提高 BFO 的介电常数、铁电性，并降低介电损耗；磁性测试表明，Sm 掺杂样品均具有弱铁磁性，磁滞回线具有饱和特征，Sm 掺杂进一步提高了 BFO 的磁性；这主要与 Sm 掺杂消除杂相、减小漏导、抑制甚至破坏 BFO 空间调制的螺旋自旋结构及晶粒尺寸效应有关。Ni^{2+}、Mn^{4+}、Zr^{4+} 进行 Fe^{3+} 位掺杂同样能抑制杂相生成、引起结构畸变，减小晶粒尺寸，提高致密度，并引起空位尺寸、浓度的变化；电磁性能测试表明，Ni^{2+}、Mn^{4+}、Zr^{4+} 能提高样品的电磁特性。Eu-Ti 共掺杂样品中，Eu-Ti 共掺杂样品具有单相结构，在 x=0.10 处产生结构相变，且样品晶粒尺寸随 x 增加而减小；电学性能测试结果表明，共掺杂可以提高样品介电、铁电和磁性能，其原因是共掺杂能抑制氧空位和 Fe^{2+} 生成、破坏 BFO 空间调制的螺旋自旋磁结构、引起结构扭曲；Eu-Ti 共掺杂有利于该材料在多铁性器件上的应用。

（3）设计了具有钙钛矿结构的铁电材料 $BaTiO_3$、巨介电材料 $CaCu_3Ti_4O_{12}$ 对 BFO 掺杂。利用多种技术手段对不同掺杂体系的微结构和物理性能进行了测试分析，发现功能氧化物掺杂对体系晶格结构、微观形貌、电磁性能的影响规律，并对体系微结构对电磁的影响机理进行理论探讨和物理解释，为提高 BFO 性能以及应用提供了研究依据。

参考文献

[1] Schmid H. Multi-ferroic magnetoelectrics[J]. Ferroelectrics，1994，162(1)：317-338.

[2] Wang K F，Liu J M，Ren Z F. Multiferroicity：the coupling between magnetic and polarization orders[J]. Advances in Physics，2009，58(4)：321-448.

[3] Cheong S-W，Mostovoy M. Multiferroics：a magnetic twist for ferroelectricity [J]. Nature Materials，2007，6(1)：13-20.

[4] 刘俊明，南策文 . 多铁性十年回眸 [J]. 物理，2014，43：88-98.

[5] 南策文 . 多铁性材料研究进展及发展方向 [J]. 中国科学，2015，45：339-357.

[6] 仲崇贵，蒋青，董正超，等 . 三角晶格反铁磁 $CuFeO_2$ 的磁性和电子结构 [J]. 物理化学学报，2010，26(3)：769-774.

[7] Yamada H，Garcia V，Fusil S，et al. Giant electroresistance of super-tetragonal $BiFeO_3$-based ferroelectric tunnel junctions[J]. Acs Nano，2013，7(6):5385-5930.

[8] Fiebig M. Revival of the magnetoelectric effect[J]. Journal of Physics D Applied Physics，2005，38(8)：R123-R152.

[9] Ramesh R，Spaldin N A. Multiferroics：progress and prospects in thin films[J]. Nature Materials，2007，6(1)：21-29.

[10] Ternon C，Thery J，Baron T，et al. Structural properties of films grown by magnetron sputtering of a $BiFeO_3$ target[J]. Thin Solid Films，2006，515(2)：481-484.

[11] Uniyal P，Yadav K L. Enhanced magnetoelectric properties in

$Bi_{0.95}Ho_{0.05}FeO_3$ polycrystalline ceramics[J]. Journal of Alloys and Compounds，2012，511(1)：149-153.

[12] Reetu，Agarwal A，Sanghi S，et al. Rietveld analysis，dielectric and magnetic properties of Sr and Ti codoped $BiFeO_3$ multiferroic[J]. Journal of Applied Physics，2011，110(7)：073909-1-6.

[13] 李扩社，李红卫，严辉，等．磁电复合材料的研究进展 [J]. 稀有金属，2008，32(3)：369-374.

[14] 刘小辉，屈绍波，陈江丽，等．磁电材料的研究进展及发展趋势 [J]. 稀有金属材料与工程，2006，35(2)：13-16.

[15] Scott J F. Application of modern ferroelectrics[J]. Science，2007，315(5814)：954-959.

[16] Scott J F. Data storage：multiferroic memories[J]. Nature Materials，2007，6(4)：256-257.

[17] Israel C，Mathur N D，Scott J F. A one-cent room-temperature magnetoelectric sensor[J]. Nature Materials，2008，7(2)：93-94.

[18] Park B H，Kang B S，Bu S D，et al. Lanthanum-substituted bismuth titanate for use in non-volatile memories[J]. Nature，1999，401：682-684.

[19] Liu B T，Maki K，Aggarwal S，et al. Low-temperature intergration of lead-based ferroelectric capacitors on Si with diffusion barrier layer[J]. Applied Physics Letters，2002，80(18)：3599-3601.

[20] Zhou S D，Li Y，Wu H，et al. Optimization of room temperature multiferroic properties and magnetoelectric coupling effect in MnO_2 doped $BiFeO_3$-$Bi_{0.5}K_{0.5}TiO_3$ ceramics[J]. J. Magn. Magn. Mater，2019，476：472-477.

[21] Sati P C，Arora M，Kumar M，et al. Effect of Pr substitution on structural，magnetic，and optical properties of $Bi_{1-x}Pr_xFe_{0.80}Ti_{0.20}O_3$ multiferroic ceramics[J]. J. Mater. Sci.：Mater. Electron，2017，28：1011-1014.

[22] Singh J，Agarwal A，Sanghi S，et al. Holmium induced structural transformation and improved dielectric and magnetic properties in $Bi_{0.80}La_{0.20}FeO_3$ multiferroics[J]. J. Magn. Magn. Mater，2019，487：165337.

[23] Yuan X Y，Shi L，Zhao J Y，et al. Sr and Pb co-doping effect on

the crystal structure, dielectric and magnetic properties of $BiFeO_3$ multiferroic compounds[J]. J. Alloys Compd，2017，708:93-98.

[24] Bharathkumar S, Sakar M, Ponpandian N, et al. Dual oxidation state induced oxygen vacancies in Pr substituted $BiFeO_3$ compounds : an effective material activation strategy to enhance the magnetic and visible light-driven photocatalytic properties[J]. Mater. Res. Bull，2018，101:107-115.

[25] Zhang Y J, Zhang H G, Yin J H, et al. Structural and magnetic properties in $Bi_{1-x}R_xFeO_3$ (x=0 ～ 1, R=La, Nd, Sm, Eu and Tb) polycrystalline ceramics[J]. J. Magn. Magn. Mater，2010，322 :2251–2255.

[26] Azough F, Freer R, Thrall M, et al. Microstructure and properties of Co-, Ni-, Zn-, Nb- and W-modified multiferroic $BiFeO_3$ ceramics[J]. J. Eur. Ceram. Soc. 2010，30:727-736.

[27] Vashisth B K, Bangruwa J S, Beniwal A, et al. Modified ferroelectric/magnetic and leakage current density properties of Co and Sm co-doped bismuth ferrites[J]. J. Alloys Compd. 2017，698: 699-705.

[28] Wang T, Ma Q, Song S H. Highly enhanced magnetic properties of $BiFeO_3$ nanopowders by aliovalent element Ba-Zr co-doping[J]. J. Magn. Magn. Mater，2018，465:375-380.

[29] Zhu Y Y, Wang Z C, Zhang R, et al. Comparative study on doping effects in $Bi_{1-x}Dy_xFe_{1-y}Mn_yO_3$ nanoparticles fabricated by sol-gel technique[J]. Ceram. Int. 2017，43:11529-11533.

[30] 吴玉胜，李明春．功能陶瓷材料及制备工艺 [M]. 北京：化学工业出版社，2013.

[31] 殷庆瑞，祝炳和．功能陶瓷材料的显微结构、性能与制备技术 [M]. 北京：冶金工业出版社，2005.

[32] 强亮生，赵九蓬，杨玉林．新型功能材料制备技术与分析保证方法 [M]. 哈尔滨：哈尔滨工业大学出版社，2017.

[33] 王培铭，许乾慰．材料研究方法 [M]. 北京：科学出版社，2005.

[34] 王晓春，张希艳．材料现代分析与测试技术 [M]. 北京：国防工业出版社，2010.

[35] 王少阶，陈志权，王波，等 . 应用正电子谱学 [M]. 武汉：湖北科学技术出版社，2008.